现代科普博览丛书

世界科技与历史发展

SHIJIE KEJI YU LISHI FAZHAN

杨天华　编

黄河水利出版社
·郑州·

图书在版编目(CIP)数据

世界科技与历史发展/杨天华编.—郑州:黄河水利出版社,2016.12 (2021.8 重印)
(现代科普博览丛书)
ISBN 978-7-5509-1494-0

Ⅰ.①世… Ⅱ.①杨… Ⅲ.①科学技术-技术史-世界-青少年读物 Ⅳ.① N091-49

中国版本图书馆CIP数据核字(2016)第175720号

出版发行:黄河水利出版社
社　　址:河南省郑州市顺河路黄委会综合楼14层
电　　话:0371-66026940　　邮政编码:450003
网　　址:http://www.yrcp.com

印　　刷:三河市人民印务有限公司
开　　本:787mm × 1092mm　1/16
印　　张:11.25
字　　数:160千字
版　　次:2016年12月第1版　　2021年8月第3次印刷
定　　价:39.90元

目　录

中国古代的四大发明

造纸术、指南针、火药和印刷术是中国古代的四大发明。这四大发明中,除造纸术是在汉代发明的以外,其余三项,尽管有的从它的起源来说可以追溯到更早,但是作为成熟的可供实用的技术,都是在中国历史上隋唐宋元这一时期创造和推广使用的。这也说明了这一时期是中国的科学技术发展的高峰期,当时的中国遥遥领先地走在世界科技发展的前列。

让我们先来看看纸的发明。

大约在3500年前,中国历史上的殷商时期,我们的祖先就创造了文字,但那时还没有纸。文字是刻在乌龟壳或野兽的骨头上,所以后来的学者发现这种文字后,称它为“甲骨文”。乌龟壳和兽骨的数量毕竟有限,要是只有很少数的人才使用文字,问题还不大。后来,文化渐渐发展了,使用文字的范围和人数也渐渐扩大了,乌龟壳和兽骨自然就不够用了。于是,人们就找到了来源广泛的竹子或木头来代替龟壳、兽骨。把竹子和木头削成一块块薄薄的板,称为“竹简”或者“木简”,再把字刻在上面。竹简和木简当然不愁来源,但是使用起来仍然不方便。据史书上纪载,当年秦始皇每天批阅公文,所看竹简的重量加起来要超过60千克。西汉时,有个名叫东方朔的大臣给皇帝写了封信,竟用掉3000根竹简,这封信要两个壮汉才拾得动。

公元前220年时,秦国的大将蒙恬发明了毛笔,接着又有人发明了墨,有了这两样法宝,我们的祖先就开始用丝织的绢来代替竹简和木简。把字写在绢上,这样自然比用刀在竹简、木简上刻字要大大前进一步了。丝绢的价格当然要比竹简、木简贵出许多,所以用得起的人是很少的,更多的人仍然只能把字写在竹简或木简上面。

丝绢用起来方便,可是太贵。有没有比丝绢便宜,又跟它用起来一样方便的东西呢?这样的东西在汉朝时被我们的祖先找到了,它的名字叫"赫蹄"。原来,上等的茧子用来缫丝织绢、次等的茧子用来做丝棉,做丝棉时,先把茧子放在水里煮沸,再拿到河水中去漂冲,经过这些工序后茧子才会散开,然后才能做丝棉。人们在漂冲丝茧的过程中,经常看到在篾席上留下一层薄薄的丝絮。把它揭下来晒干后,就是"赫蹄"了。这就是最早的"纸"。不仅能用来写字,而且也用来包装物品。"赫蹄"尽管比丝绢便宜,但它毕竟是以茧子做原料的。不仅数量有限,身价还是比竹简木简贵。所以可以想象,这些限制都大大影响了它的广泛使用。

公元105年的汉和帝时期,宫中有个叫蔡伦的太监,专管监制皇宫里使用的器物。当时,社会的政治、经济、文化发展迅速,人们对纸的需要也越来越迫切了,无论是朝廷、贵族还是平民百姓都希望有一种价廉物美并且能大量生产的纸。这个任务就落到了蔡伦的肩上。

为了造出这样的纸,蔡伦煞费苦心。最后,他从人们用麻料织布的工艺中得到启发,发明了造纸的方法。

原来,当时的人们是用麻布来做衣服的。用麻料织布只要沤麻,沤麻的工艺跟用次茧做丝棉要经过漂冲一样,结果也会在篾席上留下一层薄薄的麻絮。他和许多能工巧匠共同商量研究,终于总结出一套漂麻造纸的工序:一分离、二捶捣、三交织、四干燥。后来,他又创造出用树皮、废麻、破布、旧渔网等做原料的造纸方法。

蔡伦把自己的成果上报朝廷,皇帝很是赞赏,下令全国推广。由于这种造纸方法容易掌握,又有丰富、廉价的原料,所以造纸业就得到了大规模的发展,纸张的大量生产,自然促进了文化的发展。纸的发明,是我们的祖先对人类文明的巨大贡献。

公元114年,朝廷因蔡伦造纸有功,封他为"龙亭侯"。人们就把他发明的这种纸称为"蔡侯纸"。唐朝以后,中国的造纸术传到日本和中亚的阿拉伯国家,又通过阿拉伯国家传到欧洲和非洲,17世纪末又通过英国传到它的殖民地北美洲。

在人类文明史上,跟纸的发明关系最密切的发明是印刷术。印刷术的发明是中国古代对人类的又一项伟大贡献,它与纸的发明一样,对于人类文明的进化是难以估量的。难怪人们称誉印刷术是人类"文明之母",这是一点也不过分的。

发明印刷术,必须先有纸墨等物质条件和刻印的工艺技术条件,这些条件在蔡伦造纸以后都已经充分具备了。大约在公元7世纪的唐代初年,受印章篆刻和拓碑这两项技术的启发,雕版印刷术应运而生。雕版印刷的具体方法是,先把要印刷的文字写在薄纸上,再把纸反贴在一块木板上,然后依字样用刀刻出反写的字来。这时木板就好比是一方图章,在木板上涂上墨,把白纸覆在上面,再用干净的刷子在纸背轻刷,最后再把纸揭下来,一幅书页就印好了,这几道工序就跟拓碑的工艺一样。把书页依次装订起来,就成了一本书。雕版印刷比起手抄来,它的优越性是显而易见的,但是它的不足之处也非常明显:首先,雕刻版子非常费时费力;其次,雕版中如有错误,往往将错就错,因为要想更改是非常困难的;最后,用过的版子就报废了,这浪费也是巨大的。所以;人们一直在探寻改革雕版印刷术的途径。

11世纪中期,宋朝庆历年间,出了一个名叫毕昇的发明家,发明了活版印刷术,使印刷技术进入了一个全新的发展时期。

毕昇是个从事雕版印刷的工匠，当时他跟许多人一样，还在摸索新的印刷方法。他晚上下工后，琢磨着如何才能使印刷更快、更简便。他从印章上得到启发，他想如果把一个个字刻成一个个印章，再把它们按文稿排列起来不就能印刷文章了吗？用好后拆掉，这些“印章”以后仍然可以再用。有了设想，他就开始干起来，花了一年多时间，他刻了3000多个木活字。接着，他又用蜡和松香把木活字粘在一起，进行试印。由于木质纹理有疏有密，沾墨水后伸缩度不同，版面会高低不平，印的张数多了，字迹也就越来越模糊。再加上用松脂、蜡等东西来粘字模，用完后很难取下。实验失败了，这一年多的努力也就顿时付诸东流。可是毕昇毫不气馁，决心寻找新的材料，它既能刻字，遇水又不易膨胀变形，用后还要能很容易地取下来。

有什么材料能符合这样的要求呢？毕昇苦苦思索着。一天，他的妻子看到家里盛水的水缸，心想：这不就是不吸水的东西吗？便把这个想法告诉了毕昇，毕昇听了立时觉得茅塞顿开。对呀，水缸是泥做的，那材料真是取之不尽，用之不竭。水缸上花纹是在泥坯时刻的，非常容易，泥坯煅烧后又坚如铁石。假如在土坯上刻字，煅烧成陶瓦活字，不是再理想不过了吗？想到这里，毕昇立刻动手实验起来。他赶紧去找制缸的匠人，学会了这套本领，接着又辛苦了一个多月，做成了5000多个陶瓦活字。

活字做好后，接着就是做版子。他在一块铁板的四周围上框框，用松香和蜡做黏合活字的黏合剂。这样在铁板上按文稿排字，趁黏合剂受热熔化时把字面压平，等黏合剂冷却后，每个字模都固定在版子上了，就跟原先的雕版一样，可以用来印刷了。经试印后，效果非常好。这样，第一块泥活字版就制成了。为了提高效率，毕昇采用两块铁板，第一块板印刷的同时，第二块板排字，两块板交替使用。第一块板用完后，在火上烤一下，让蜡或者

松香熔化，就可以轻而易举地把泥活字拆下来，以备下一次排字。活版印刷完全克服了雕版印刷的不足，就很快地推广开来了。到了元代，著名的学者王祯又改进了毕昇的印刷法。首先，他解决了制作木活字的技术难题，请工匠刻了3万多个木活字，用它们印刷了100多部《旌德县志》。同时，他还改进了排版方法，排版时，他用竹片把每行字夹住，再用小木块、木屑塞紧；这比毕昇用松脂或蜡来固定活字的方法要好多了。另外，他还发明了转轮排字架，把活字按一定规则放在一只直径7尺的大轮盘上，这样就大大提高了检字排字的速度。

中国的活版印刷术在元代以后，经波斯、埃及等国传入欧洲。后来德国的葛登堡，仿照中国的活版印刷方法，用铅合金研制成拉丁文字的活字，开创了近代印刷业，为以后的文艺复兴创造了条件。

马克思曾经对火药、指南针和印刷术的发明给予非常高的评价，认为这三大发明是推动欧洲社会发展的强大动力。

现在，让我们再来看看指南针和火药的发明。

早在2000多年前的春秋战国时期，我们的祖先就发现了天然磁铁矿石有吸铁的性质。铁见了它，就像孩子见了慈母一样，一下子被吸了过去，所以就称它为“慈石”，后来才改成磁石。同时，我们的祖先又发现磁石有指南北方向的性质，于是根据磁石的这一性质创造了原始的指南针。

原始的指南针名叫“司南”。它是把一块天然磁石琢磨成勺子形状，放在一只平滑的“地盘”上，勺柄所指的方向就是南方。但是，要把天然磁石琢磨成勺状是非常不容易的，再说磁石在琢磨过程中难免要受到剧烈的震动并且发热，这些因素都会导致退磁，即使“勺子”琢磨成了，由于磁性很弱，仍起不了指南的作用。因此，我们祖先的这项发明长期没能推广使用。

经过长期的探索，到了唐末宋初时期，我们的祖先终于发明了两种人工磁化的方法，指南针也就应运而生了。

一种方法是用薄铁片裁剪成2寸长5分宽的鱼形，放在炭火中烧红，钳出后让鱼尾朝北并把它放在冷水中浸没，冷却后再放进密闭的盒子里，这样铁叶鱼就会带磁性，称为指南鱼。使用时，只要在无风处放一碗水，让指南鱼漂在水面上，等它静止后，鱼首所指的方向就是南方。

这是世界上最早利用地磁场磁化铁片的实验，说明我们的祖先在当时对铁在地磁场中磁化的原理已经有了相当的认识。类似的方法直到100年以后的1600年才被欧洲人掌握。不过，用这种方法所获得的磁性较弱，影响了指南鱼指南的准确性。

另一种方法是用天然磁石来摩擦铁针，使铁针磁化，制成指南针。这种磁化方法简单而有效，所以就很快地推广开了。

北宋著名科学家沈括在他的科学巨著《梦溪笔谈》中详细地介绍了指南针的四种使用方法。一是以磁针横贯灯芯草，然后让它浮在水上的水浮法；二是把磁针架在碗沿上的碗唇旋定法；三是把磁针放在光滑的手指甲面上，称为指甲旋定法；四是用丝线拴住磁针中心处，在无风处，悬挂起来的缕悬法。这些方法，直到现在仍在航空、航海用的罗盘及地磁测仪等仪器中使用着。

由于有了指南针，我国的航海业在北宋时就已经相当发达。到了元代，不论阴晴昼夜，都已经利用指南针来导航了。

大约在南宋中期，指南针经阿拉伯传入欧洲，从而推动了航海业的发展，促成了新大陆的发现和文化的传播。

和指南针比起来，火药的出现要晚得多，唐代医学家孙思邈，在他的《丹经》一书中提到“内伏硫磺法”，这是世界上最早的关于火药发明的文字。

什么是炼丹呢？大约在战国时代，出现了一种专门以求仙为

业的人，称为方士。方士用各种矿物做原料，用它们在炉里炼成丹药，以作“仙丹”，说吃了它就会长生不老。

秦始皇统一中国后，一心一意想长生不老，好永远统治天下。于是就请方士给他炼仙丹，有了皇帝的支持，炼丹术就慢慢兴盛起来了。后来汉武帝也学秦始皇的样子，让方士为他炼丹，这样炼丹术便在大江南北盛行开了。

炼丹的主要原料是硫磺和硝石，燃料则是木炭。方士们在长期与这些东西打交道的过程中，慢慢地发现，把两份硫磺和硝石的粉末装进砂锅里，然后把砂锅埋进一个土坑，再用点着的皂角子放进砂锅，让里面的硫磺和硝石燃烧到熄火为止，最后再取30份木炭粉末拌上硫磺、硝石烧剩的灰烬一起来炒，炒到木炭粉只剩下原先的$\frac{1}{3}$时，把火熄了，这时锅里的混合物像是有了魔力似的，点火后会爆炸，威力无比。其实，这就是最早的火药，火药是中国古代的炼丹家在长期的炼丹过程中发明的。火药的发明最迟不会超过公元800年，从战国时出现方士炼丹起，至少经过了12印年，才有了火药。

在中国古代，打仗时常利用火的威力来克敌制胜。譬如，在三国时就有著名的火烧赤壁。不过，当时火药还没有发明，火攻所用的只是干草、油脂和松香一类易燃的东西。自从炼丹家发明了火药后，它当然就立刻被军事家们用到战争中去了。

最先发明的利用火药的武器是火炮和火箭，统称“发机飞火”，以后又有“蒺藜火球”和“霹雳火球”，前者是燃烧性火器，后者是爆炸力较大的爆炸性火器。到了元代，又在以前火枪的基础上发明了火铳和手铳，这就是原始的枪炮了。

大约在宋末元初时火药先传到阿拉伯，以后阿拉伯人和欧洲十字军作战，欧洲人才从阿拉伯人那里获得了火器，学会了制造火药。

总之,中国的四大发明极大地推动了人类文明的进程,可以说,四大发明的作用和影响足以令中华民族引为自豪。

泰勒斯和他的贡献

公元前6世纪的一天,在地中海东岸小亚细亚地区的古希腊发生了一次日食。火红的太阳突然被一个黑影遮住了,顿时,仰天观看的人们都惊呆了。这是怎么回事?人们大喊大叫,惊恐万状。有的说:不好了,太阳被妖精吃掉了!为了挽救太阳,人们鼓起勇气,向茫茫天空射出无数的箭,希望乱箭将妖精射死。有的人赶快烧起一堆堆大火,试图用火光恢复太阳的光芒……

当整个人类还处在蒙昧状态时,人们对自然现象是不理解的。可是,这时有一个名叫泰勒斯的智者,却在苦苦思索,太阳被黑影遮住的原因是什么。他坚信自然中蕴涵着真理,人类是可以探索这一真理的,经过一番观测和思索,泰勒斯对日食心中有了底。但当时的人们根本不相信科学,也没有人愿意去听他对日食所做的解释,有人甚至讥笑他。泰勒斯决心用事实去教育这些愚昧的人们。于是,他开始仔细地计算太阳将要在什么时候被黑影遮住,他把日食的准确日期计算好后,就预先告诉大家:公元前585年5月28日,太阳将要被黑影遮住。无知的人们听了,都以为他在痴人说梦,嘲笑他说:“天上的事,你还能知道?”更有人不怀好意地说:“等着瞧吧,到了那一天,如果太阳没有变为黑暗,我们就找你算总账!”

这一天终于来到了。男女老少都不约而同地来到广场、街头,两眼直愣愣地盯着耀眼的太阳,谁会相信它会在顷刻之间变成黑暗呢?可是奇迹终于发生了。就在泰勒斯预先指定的时间,火球般的太阳果然被一个黑影遮住了。这时,人人都惊奇得哑口

无言，对泰勒斯的预言佩服得五体投地。

当时泰勒斯不仅能理解日食的原因，而且认为太阳是一个无比巨大的物体。他对太阳进行了测量和计算，得出的结论，居然只比现在我们用最新的科学方法计算出来的数字小了一点点!这简直是不可思议的!

传说泰勒斯曾经到过埃及，在研究了埃及的土地丈量术后，创立了平面几何学，最早提出了几何学定律，如“直径平分圆周”、“在两直线交叉时所成的对顶角是相等的”等等。这些定律现在看来当然很简单，但在2500多年前，可就很不简单了。

泰勒斯还是一个天文学家，他根据巴比伦的天文知识奠定了希腊天文学。他运用自己对天文学的研究，预言了公元前585年5月28日那次日食的发生。

他曾经告诫出海航行的人，按照小熊星座定位航行要比按大熊星座航行准确得多。这也是他通过精密计算得出的结论。

科学所揭示的真理往往殊途同归。在没有任何天文设备的条件下，泰勒斯通过对日月星辰的观察与研究，竟得出了与古埃及人相同的结论：一年为365天。所不同的是，泰勒斯主要是靠天文知识，因而他的发现更具有科学性。

泰勒斯是人类历史上最早的科学家，他无愧于“科学之祖”的称号。

古埃及科技的骄傲

说起作为四大文明古国之一的古埃及，人们自然而然地会想到金字塔。

金字塔其实是古埃及国王法老的陵墓，这种陵墓自下而上逐

渐缩小，像一座塔似的。由于它的外形很像我们汉字中的“金”字，所以中国人称它“金字塔”。我们现在说金字塔，是以最有名的胡夫金字塔为代表的。

胡夫是公元前2590年～568年在位的古埃及国王。他继位后就着手为自己建造陵墓，他强迫所有的埃及人都要服役。他把全埃及的劳动者每10万人编成一班，每班服役3个月，轮流替换。

工程开始后，一部分工人被派到山里的采石场去运石头。他们先把石头从采石场运到尼罗河的东岸，再装上船运到河的西岸，然后由西岸运到工地上去。如此巨大笨重的石头，当时的埃及人只能用最原始的方法，把石头放在木橇上，靠人力或牲畜来拉。可是，载着笨重石块的木橇在不平整的地上是走不了的，于是，花了10年的时间修筑下一条运石头的石路。在修路的同时，另一部分工人开凿金字塔的地下墓室和地下通道。等这些工作都结束后，开始砌金字塔。金字塔本身的工程是非常艰巨的。经常有10万人忍受着炎炎烈日的暴晒，在监工皮鞭的驱使下劳动着。这样，前后整整用了30年，才将金字塔修成。

胡夫金字塔原高146.5米，底面是正方形，每边长230多米，也就是说绕金字塔一周，几乎要走1千米的路程，塔身由230万块大小不等的石块砌成，平均每块重达2.5吨。这些石块之间没有任何水泥之类的粘着物，而是一块石头叠在另一块石头上面。石头磨得非常平整，直至今日，人们都无法用一把锋利的铅笔刀插入石块之间的缝隙。那么，在4000年前，没有起重机，甚至连一根铁杆也没有，这么多笨重的石块又是怎么叠起来的呢？科学家们研究分析后说，很可能是先在地面上砌好一层，然后堆起一个和这层一样高的土坡，人们顺着倾斜的土坡把石块拉上第二层，砌好一层就把土坡加高一层，金字塔有多高，土坡就有多高。塔建成后，再把高大的土坡铲平，好让金字塔显露出来。

胡夫金字塔不仅以其外形的宏大雄伟著称于世，而且更以它内部的复杂精细而令人惊奇不已。无怪乎后人把它列为古代世界七大奇迹之首。

金字塔是古埃及奴隶们血汗的结晶，也是一座古代科学技术的纪念碑。首先，当时还处于原始奴隶制社会的古埃及，能够动用如此巨大的力量从事非生产性劳动，这是连现在的人们也难以想象的；其次，金字塔的角度、面积和体积等都要有严格的要求，必须经过周密的计算才能建成，这反映了当时的数学和力学已经达到了相当高的水平。

历代法老为自己修建金字塔，在古埃及的历史上延续了1000多年。后来，由于人民起义和频繁的盗墓活动，法老们也就逐渐放弃了建造金字塔的念头。也许有人会问：那么当初的法老们为什么热衷于建造金字塔呢？这就要说到一个神话。

据说，在上古时期，埃及有一个名叫奥西里斯的法老，他的母亲是天神，父亲是地神。奥西里斯多才多艺，他教会人们种地、做面包、酿酒、开矿和冶炼，深得民心。但是他的弟弟塞特十分妒忌他，阴谋杀害他以后，篡夺王位。

有一天，塞特邀请哥哥共进晚餐，还找了许多人作陪。进餐时，塞特让人抬出一只美丽的箱子，对客人们说："谁要是能躺进这只箱子，就把它送给谁!"那些同谋的客人怂恿奥西里斯试一试，等他刚躺进去，塞特一伙就关上箱子，加了锁，把它扔进尼罗河里。

奥西里斯被害后，他的妻子四处寻找，终于找回了丈夫的尸体。塞特得知消息后，又连夜偷走尸体，把它剖成14块，扔在各处。奥西里斯的妻子又把尸体的碎块找到，各自就地埋葬。

奥西里斯的儿子阿拉斯长大后，打败了塞特，替父亲报了仇。他和母亲一起，把奥西里斯的尸体碎块从各处挖出来，拼凑起来。

据说,后来在神的帮助下,奥西里斯复活了。成了阴间的法老,统治着另一个世界。

以后,每一个埃及法老死后,都要模仿这个神话的情节重演一番。先是装模作样地“寻尸”,接着,便是洁身。然后由医生解剖尸体,将死者的脑浆和内脏取出,填进桂皮、乳香等香料,然后照原样缝好,再把尸体浸在一种防腐液里。70天后,把尸体取出晾干,裹上麻布,外面涂上树胶,以免接触空气,这就是被称为“木乃伊”的干尸。最后,再把“木乃伊”装进石棺,送进金字塔。那金字塔就是法老们心目中他们死而复生后统治世界的宫殿。他们正是为了维持自己“永久的统治”,才劳民伤财地修建金字塔的。

金字塔是古代科技的丰碑,那躺在里面的“木乃伊”也同样是古代科技的瑰宝。

首先,它反映了古埃及的外科医学,解剖医学已经达到相当高的水平。其次,它表明古埃及已经掌握了非常高超的防腐术,即使与现代的防腐处理技术相比,也是毫不逊色的。

法老们祈求长生不老,当然想要健康,这也促进了医学的发展。

可以这样说,金字塔和木乃伊,既是古埃及残酷的奴隶社会的历史见证,也是古埃及文明和科技进步的真实反映。

人类历史上第一部太阳历

历法,就是人们用来计算年、月、日的规则和方法。当今世界上通用的历法,叫“公历”。“公历”是从欧洲传到中国来的。所以,我们以前也把“公历”叫作“西历”,其实,“公历”并不产生在西方

的欧洲，而是产生于东方的文明古埃及。

我们知道，尼罗河自南向北贯穿埃及全境，大约在1万年前的新石器时代，埃及人的祖先就生活在尼罗河两岸了。埃及气候炎热，雨水稀少。好在尼罗河定期泛滥，每年6月尼罗河河水上涨，7~10月是泛滥期，洪水挟带着大量的腐殖物灌满了久旱的土地，随后，洪水退去，留下一层肥沃的淤泥。勤劳智慧的埃及人民掌握了这个规律，利用尼罗河泛滥创造的条件，进行农业生产。人们在11月进行播种，到来年有3~4个月作物就能成熟。当然，这期间少不了繁重的人工灌溉。

埃及人民为了发展农业生产，做到不违农时，这就需要准确地计算年、月、日，也就是说需要一部适用的历法。他们在长期的实践中积累了许多经验，比如把历年尼罗河泛滥的时间刻在杆子上，年代久了，就刻下了好多的记号，然后加以比较。他们奇怪地发现，每次泛滥的间隔期总在365天左右。埃及人也不断地观察天象，他们发现天狼星与太阳同时从东方的地平线上升起，每一个周期也是365天。因此，古埃及就把一年定为365天。据说，在公元前4241年6月的某一天早晨，当尼罗河大潮的潮头到达孟菲斯（现开罗附近）时，正好天狼星与太阳从地平线上同时升起。于是这一天就被定为一年的起点。埃及人将一年分为12个月，每月30天，年终加5天作为岁末节日。

这就是古埃及人所创造的人类历史上第一部太阳历。尽管他们取得的这项成就，除了靠他们已经掌握的一点天文知识外，更主要的是靠了尼罗河的定期泛滥。但无论怎样，我们今天来看古埃及人的这项伟大创造，确实会令人感到惊讶。

与通常所说地球绕太阳公转一周的回归年时间——365天5时48分46秒相比较，古埃及的太阳历只差了1/4天，这在当时已经足够先进的了。但是，1年相差1/4天不觉得，但4年就要差1

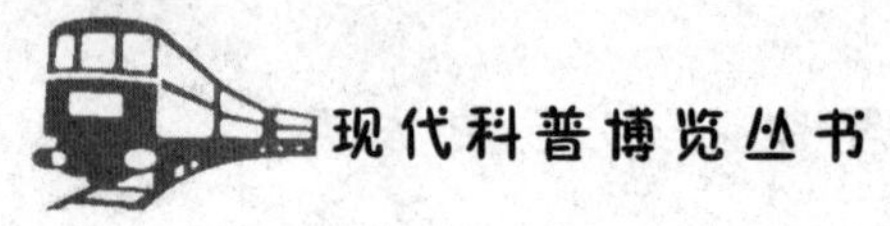

天，120年就要差1个月，730年就要差半年。也就是说历法只是12月，而事实上应该是第二年的6月，寒暑正好颠倒了过来；要改变这种错误，必须再过730年。聪明的埃及人在使用这部历法的过程中，很快察觉了这个问题，这是非加以纠正不可的。因为历法的出入，会给农业生产和日常生活带来种种不便。不过要重新制定历法却不是那么容易的。古埃及人就让掌管历法的僧侣每年作些临时的调整和补救。其实，我们只要想一想，人类几千年来不断修订历法，直至今天全世界通用的“格里高利历”，也不是尽善尽美的，且不说各月份的天数规则性不强，更主要的是每经过3000多年，会有1天的误差。所以，我们没有理由不说，古埃及的历法是古埃及人对人类的一大贡献了。

古希腊最博学的人——亚里士多德

公元前2000年左右，克里特岛上建立了奴隶制国家。发展到公元前1450年时，希腊半岛上建立了迈锡尼王国。到公元前8世纪，古希腊进入到繁荣的雅典时期，这些奴隶制国家，形成了工商业经济占重要地位的城邦民主制国家。特别是到公元前509年，实行了改革，希腊独特的经济和政治状况，促进了科学技术和哲学的发展。由于实行民主政治，建立陪审团制度之后，演说和辩论十分流行，这样就使得朴素的唯物主义和辩证法得以产生和发展。科学逐渐替代宗教迷信，古希腊涌现出一大批哲学家，同时他们又往往都是科学家。

例如希腊第一个科学家、哲学家泰勒斯及其以他为核心的米利都学派，天文学家、数学家毕达哥拉斯以及物理学家德谟克利

特等等，都出现在雅典时期。这种人才辈出的情况，酷似我国的春秋战国时期出现的诸子百家、百家争鸣的繁荣局面。

在雅典时期，成就最高而被革命导师恩格斯誉为最博学的人是亚里士多德。这是一个传奇人物，他简直可以称之为全才，在哲学、政治经济学、美术学、教育学、逻辑学、医学、天文学以及自然科学中的生物、化学、物理等方面都很有造诣。他的著作又很多，这些著作不仅反映他各方面的成就，更重要的被看做是不容怀疑的权威性理论，是古代希腊智慧的象征。当然，也标志着古代科学技术的发展水平。

亚里士多德出身在公元前384年马其顿国王的一名侍医的家里，这对以后亚里士多德学习生物学、医学创造了条件。之后，他又拜当时柏拉图学院著名的哲学家、数学家柏拉图为师，系统地学习了柏拉图的唯心主义哲学，为日后经过批判形成他的唯物主义观点打好了基础。

亚里士多德除了批判柏拉图的唯心主义观点，形成了他的唯物主义观点以外，作为古代最杰出、最伟大的思想家，他的成就还在于他创立了形式逻辑，直至今天，人们还在沿用他创立的逻辑学。不仅如此，他又能应用逻辑学中的分类、判断、推理的知识，解决数学中的几何证明题。人们后来把他的逻辑学知识整理出版了一本《工具论》，这本书主要讲逻辑学中的演绎证明，这为后来的形式逻辑学奠定了基础。

亚里士多德又是一位杰出的教育家。他在雅典创建了吕克昂学院，并形成了吕克昂学派。这个学派学生学习不像今天大学生集中在教室里听老师上课，而是有点像我国春秋时的孔丘那样，有七十二弟子、三千学生。亚里士多德倡导的是一种逍遥的学习，师生经常在花园里，在郊外逍遥地散步、谈心、讨论问题，所以又称逍遥学派，与孔子的谈话式有着惊人的相似之处。在亚里士多德的学生中，有许多后来成为名人、著名学者的。例如，亚历山大手下的托勒密曾拜他为师，这对托勒密以后在埃及做国王，崇尚科学有着极大的影响。至于后代的科学家，如哥白尼、开普勒、第谷等，都学过他的理论，最后又是从揭示他的错误而成为著名学者的。从这一点来讲，他对后代的科学发展有着不可估量的影响。

亚里士多德作为一个天文学家，也是很有建树的。他提出了宇宙中心论，认为运行的天体，是由物质组成的，地球是一个球体，围绕着宇宙这个中心。他还认为，地上有四种物质构成，这就是水、气、火、土四种元素。而天却不同，它由第五种物质组成，他把这种物质称之为“以太”。他的宇宙中心论对后人影响极大，托勒密就是在全面承袭了他的宇宙中心论(即“地心说”)之后，才形成更完整的“地心说”的，而哥白尼则是在彻底批判了他的地心说，才创立太阳中心说(即“日心说”)的。这充分说明了这位伟大的科学家对后人的贡献之大。

亚里士多德又是一位实验家、生物学家，他喜欢亲自动手做实验，仔细进行观察，他曾解剖过50多种动物，制作过许多动物的标本。他还对500多种动植物进行分类。他仔细观察过小鸡胚胎发育的整个过程，写下了详细的观察记录，这些记录与我们今天观察的记录是何等的接近，这也足以证明他的学识水平之高。经过对动物的细致的观察之后，他得出了一个结论：动物的器官，一部分发达了另一部分必然会退化。他说，没有一种动物同时具有长牙和角的。有长牙(如大象)它的角就退化，反刍动物的胃功能发达，它们的牙齿就退化，就不行了。这不仅反映出他观察仔细的结果，还反映他的辩证观点。这种观察实验的方法以及辩证的思维方法，对当时的学者有极大的影响，它大大地推动了当时科学的发展。

亚里士多德在科学史上有着不可替代的影响，这不仅在于他在许多领域上有所建树，还在于他对许多问题提出了质疑，例如，在遗传学问题上，他提出，一个白人与一个黑人结婚，他们的子女是白人，但他们的孙儿一代却变成了黑人，这是为什么？这个问题一直到2000多年后的今天，人们才从遗传基因上找到答案。

作为古代希腊最博学的人，亚里士多德的成就不容抹杀，他是古希腊雅典时期学问家中集大成者。但是限于当时的社会条件，时代的局限，他免不了出现一些谬误。最典型的一个例子，就是他提出的“宇宙中心说”。尽管他承认天体是由物质构成的，他是一个唯物主义者，但是，这种“地心说”的本质，仍然没摆脱上帝创造世界，神推动世界的唯心的迷信观念，以至被中世纪时教会所利用。但我们最后要为他说一句公平的话，他的某些谬论，是时代的局限，也是自然科学的发展过程中不可避免的。假如，他不提出“地心说”，恐怕就不会有哥白尼的“日心说”，科学就是在这样的批判过程中得以发展的。明白了这一点，我们就不必非难这位古代最博学的人了。

应该说，亚里士多德的出现是古希腊的骄傲，是人类的骄傲。

一把尺子量北斗

公元724年4月末的一天，将近正午时分，唐代京都长安城的丽正殿书院的院子里人头攒动，因为这里将要进行一次“立表测影”天文测量，而且主持这项测量的是有名的高僧一行，所以吸引了许多人。一是“立表测影”是难得见到的盛况，二是还可以一睹高僧一行的风采。

一行是这位高僧的法名，他的俗名叫张遂。张遂小时候就勤奋好学，尤其喜欢研究天文学和数学。到了青年时代，他的求知欲望更强了。有时，为了搞清楚一个疑难问题，常常不辞辛劳，到很远的地方去向有学问的人请教。

当时，在长安城南，有一座规模宏大的道观——立都观。观内的藏书有万卷之多，更有一位学问很深的道长，他叫尹崇。冲着这两条，好学的张遂就成了这里的常客。尹崇很喜欢这位好学的青年人，俩人很快就成了朋友。张遂经常向尹崇讨教，又从尹崇那里借阅许多藏书，学问上的长进非常快。

有一次，张遂向尹崇借阅一部《太玄经》。这是西汉时的大学问家杨雄写的哲学书，非常深奥难懂。几天后，张遂读完了这部书，还写了一篇心得文章《义决》，并根据自己的理解绘制了一幅《大衍玄图》。当张遂去还书时，尹崇很是惊讶，说："这部书我曾经读了一年多，还没有完全读通，你怎么只读了几天就不再钻研下去了呢?"

张遂回答说："我已经把书读完了，并且写了心得，画了一幅《大衍玄图》，正想请您指教呢!"说着把文章和画递给尹崇看。尹崇看了文章和图，连声称赞张遂是"颜回再生"。颜回是孔子最有才华的学生，后来人们就把才华出众的青年比作颜回。从此，张遂作为一个青年学者的名声，很快就在长安城里传开了。

那时，正是女皇武则天当政，武则天的侄子武三思野心勃勃，一心想继承皇位。所以平时结交名流，想借此来抬高自己的名望和身价。张遂出了名，自然成了武三思拉拢的对象。张遂是个正直的青年，不愿卷入皇室权力斗争的旋涡中去，为了躲避权贵的纠缠和迫害，便跑到河南嵩山脚下的嵩岳寺出家当了和尚，拜嵩岳寺主持高僧普寂为师，取法名为"一行"。一行每天除了学习佛经，打坐修行外，就是自学天文、数学。普寂越来越觉得这个弟子非同一般，于是就对他说："一行，我看你是个人才，不是我教得了

的，为了让你增长见识，将来好有更大的成就，你还是出去游学吧!”

张遂拜别了师父，按他的指点到浙江天台山国清寺去拜师学习。两三年里，一行读完了国清寺收藏的《周髀算经》、《九章算术》、《海岛算经》、《孙子算经》、《夏侯阳算经》、《张丘建算经》、《缀术》、《缉古算经》等珍籍。直到公元710年，才重新回到嵩岳寺。

就在一行在国清寺埋头攻读的时候，唐朝的政局也发生了重大的变化，先是武则天病死，接着是唐中宗李显被毒死。公元710年，李旦即位。不久就让位于李隆基，这就是唐玄宗唐明皇。唐明皇是个有为君主，登基后连连下求贤诏书，加上张遂的祖先曾对朝廷有功，张遂就被征调进京，极受唐明皇的器重，让他负责改革历法，制造天文和计时仪器。公元724年，一行奉命领导了一次全国规模的天文测量。各支测量队奔赴天南地北，观察日影、星辰的变化，并把测得的数据全部及时送回长安，由张遂汇总计算。

一天，张遂正在长安城外的天文台仰观星空，突然，被他派到河南阳城的一支天文测量队的队长南宫，匆匆赶回京城来见张遂。原来，张遂交给他的测量任务中有一项要求，就是测量各地不同的“北极高度”。因为地球是圆的，各地地平线与北极星连线的角度不同，肉眼看到的北极星的高度也就不同。怎样测算这个角度呢？南宫不能解决这个问题，特地赶回来向张遂请教。张遂听完南宫的话说：“这几天，各队都派人来京，向我提出同样的问题。我反复思考后，做成了这把尺子，取名‘复矩’，也许可以解决这个难题。”说着，他从怀中取出“复矩”来。原来这是一把直角拐尺，角间有一弧形刻度，角顶有丝线，系着一个铜锤。一行抬头找准了北极星，然后将拐尺举起，长的一边对准自己的眼睛，同时指向北极星；这时铜锤自然下垂，垂线与短边的夹角大小可以从弧上刻的度数一目了然。张遂指着这个夹角说：“这就是地平线与北极的夹角，北极的高度也就很容易算出来。”

实际上，张遂发明的“复矩”不仅能测出北极高度，而且这个度数同时就是北半球的纬度。因为地球是圆形的，子午线穿过南北两极，当人站在北极时，北极星正好在人的头顶，与地平线垂直成90°；如果站在赤道时，看北极星与地平线几乎重合，成0°。沿着子午线走，北极星的高度也就逐渐变化。用“复矩”可以测量纬度，更重要的是，有了纬度的数据就可以计算出整个子午线的长短。张遂通过实测后，计算出每度弧长132.03千米，与现代用科学仪器测出的每弧度长111.2千米相比，当然不很精确，但张遂毕竟完成了人类第一次实测子午线，据历史记载，在张遂之后的90年，也就是814年，阿拉伯人才在幼发拉底河平原上进行了一次子午线的实测。

张遂在天文学上的贡献是多方面的，他还是世界上第一个发现恒星运动的人。这比西方天文学家发现恒星运动现象要早1000多年。

公元727年，他在刚刚修完“大衍历”后，不幸染病身亡，当时这位伟大的天文学家只有45岁。

1977年7月，中国科学院紫金山天文台把新发现的并被国际上承认的4颗小行星以4位中国古代科学家的名字来命名，其中一颗就是以张遂的名字命名的。让张遂留在浩渺寰宇，观苍天，察星宇，这是他的心愿，也是后人对他最好的纪念。

《梦溪笔谈》与《天工开物》

在我国古代科技发展的高峰期，涌现出一大批杰出的科学家，北宋时期的沈括和明朝末年的宋应星则是其中的佼佼者。他俩各自的代表作《梦溪笔谈》和《天工开物》堪称我国古代科技史上两颗灿烂的明珠。

沈括又叫沈存中，公元1031年出生在杭州钱塘，父亲是个中等的官儿，常随朝廷调遣，带着一家人走南闯北。沈括自幼勤奋好学，加上他的母亲知书达理，教子有方。沈括从小就养成了爱读书、爱思考的好习惯，他提出的各种各样的问题，母亲常常被问得不知如何回答。14岁时，他就把家里的藏书全读完了。

有一年4月，他去山上玩，发现一个奇怪的现象。只见山上桃花依然长得很茂盛，而此时山下的桃花却早已凋谢了。为什么会产生这种现象呢？他就去问他的母亲，可是他的母亲也回答不出这个问题。但他并不罢休，又去请教他最好的“老师”——书，经过不断学习，反复研究、思考，终于得到了答案。原来，山上由于地势较高，气温就比较低，所以开花的时间也就比较晚。

沈括从小就有如此敏锐的观察力，能够进行独立地研究思考，为他后来成为著名的科学家打下了基础。

沈括毕生从事科学研究。晚年时，他定居在润州，10年间他潜心写作，完成了中国古代科技史上的不朽名著《梦溪笔谈》。

《梦溪笔谈》是部百科全书式的著作，集中反映了沈括一生在自然科学各个领域里的研究成果。

在数学方面，沈括是中国古代数学中“隙积术”和“会圆术”的开创者，“隙积术”是求解垛积问题，属于高阶等差级数求和问题；“会圆术”是已知弓形的圆径和矢高求弧长的问题。对这两个问题，沈括在《梦溪笔谈》中都记载了自己发明的求解公式。

在天文历法方面，沈括有很高的造诣。公元1072年，他受命主持司天监的工作，司天监是当时国家研究天文历法的最高机构。沈括上任后亲自设计和改进了观测仪器：浑仪、浮漏和测日影表，大大提高了天象观测的精确度。

在地学方面，沈括也有独到的研究成果。

温州雁荡山，本为天下奇秀，但自古图籍未有记载。沈括亲自来到雁荡山，进行实地考察，发现这里的山峰峭拔险怪，被山谷环抱其中，但从岭外往内看，却什么也看不到。这种奇怪的地形引起了沈括的好奇心。经过多次考察研究，沈括认为这是由于谷中大水冲击，沙土被冲走，导致巨石岿然挺立。他根据对山顶和山底两方面的考察，断定雁荡奇峰的形成是由于流水侵蚀冲刷所造成的。他把这种见解记录在《梦溪笔谈》中。由此，他联想到黄土高原地区的地貌，认为也是同一成因，所不同的只是雁荡是石，黄土高原地区是土。沈括对流水侵蚀地形所做的科学解释，要比近代有“地学之父”称誉的英国地质学家赫顿提出相同学说早了六七百年。

在自然科学的广阔领域里，沈括是一个全方位的研究者。对有关物理学的诸多问题，沈括都有着浓厚的兴趣，进行过卓有成效的研究。譬如，在光学上，他对凹面镜成像问题做了细心的观察，指出物体在凹面镜镜面到焦点之间成正立像，在焦点处无像，在焦点外成倒立像。在声学上，他做过共振实验。他剪了一个小纸人，放在古琴的基音弦上，拨动泛音弦的时候，纸人就会因共振而跳动，拨动别的弦时就没有这种现象；他再另外拿一只同样的古琴，拨动相应的琴弦，纸人也会跳动。沈括的共振实验比达·芬奇的类似的实验早了400年。在磁学上，他关于指南针的认识，表明他走在当时世界科学水平的前列。他指出：用磁石去磨针尖，针尖就指向南方，不过常常微偏东，并不完全指向正南。这就是说，他已经发现了地磁偏角。西方传说哥伦布于1492年发现地磁偏角，即便这样，也比沈括晚了400多年。

对科学研究，沈括有一种“打破砂锅璺(问)到底”的精神。有一次，他在书上读到一句话，说：“高奴县有洧水，可燃。”当时他不清楚“洧水”是什么东西。后来他到鄜延(今陕西延安、富县一带)做官，找到了这种“洧水”。他试着用火一点，果然着了，烧出来的

黑烟把墙都熏黑了。看着熏黑的墙壁，他想，能不能用它来制墨呢？说干就干，他立刻把“洧水”燃烧后的炭黑收集起来，做成墨。一用，效果非常好，“墨光如漆”，比用松烟做成的墨还要好。他把“洧水”称为“石油”，这一命名沿用至今。

沈括一生到过很多地方，他非常重视平时耳闻目见的创造发明，将它们一一写进《梦溪笔谈》之中。

沈括21岁时，在钱塘老家看到毕昇制作的胶泥活字，爱不释手。于是对毕昇的活字印刷设备和操作工艺做了详尽的调查，以后又记载在《梦溪笔谈》里。如果没有沈括的记载，这项伟大的发明就将永远被埋没。

喻皓是五代末、北宋初年著名的木建筑大师，著有专谈建筑的《木经》一书。可惜这部著作早已佚亡。多亏沈括在《梦溪笔谈》中对喻皓及其所撰的《木经》有所记载，这些记载成了研究中国古代建筑学的宝贵资料。沈括对这位建筑大师非常钦佩，为此他还特地记载了一个喻皓造塔的故事：传说喻皓督造的宝寺塔落成后，人们发现宝塔略微向西北倾斜，于是觉得很奇怪，不懂得赫赫有名的喻皓怎么会犯这样的错误。有人便去问喻皓。不料他听后，哈哈大笑，解释说：“这里的西北风十分强烈，现在塔向西北倾斜，日后，在风力作用下，会变正的。”后来，宝寺塔果然变正了。沈括晚年，怀着崇敬的心情特地去杭州考察了喻皓建造的梵天寺木塔，觉得喻皓的技艺果然名不虚传。

《梦溪笔谈》是部百科全书式的著作，除了人文科学的内容外，自然科学方面的内容涉及天文、地质、地理、物理、化学、数学、气象、工程技术、生物和医学等各个方面。沈括无疑是中国科学史上的一位巨人，他所取得的科学成就使他无可争议地成为中古时代科技文明的杰出代表。

比沈括晚生556年的宋应星是明末清初的一位科技巨人。他一生淡泊功名，专心从事生产技术的考察，随时把考察所得记录下来，写成《天工开物》一书。《天工开物》记述了直到明代为止的中国古代的各项技术，所以被誉为中国古代技术的百科全书。

《天工开物》全书共18卷，分上、中、下三集，从专门技术的角度，把农业、手工业方面18个生产领域中几千年来积累的经验加以全面概括，构成了一个完整的科学技术体系。它的最大的意义在于系统总结了中国几千年来农业生产的丰富经验，全面反映了明代工艺技术方面的成就。书中配有123幅精美生动的插图，所画的生产工具比例恰当，立体感很强，照着样子就可以制造出来。由于图文并茂，读者打开《天工开物》就像观看电影纪录片一样，把我国300多年前丰富的物产情况，以及那个时候我国工农业发展的特点一一呈现出来，既生动清晰，又具体直观。

关于农业，这部书记载得特别详尽，无论选种、育种、耕作、水利、土壤、肥料，都有细致的描述。尤其对水稻栽培的全过程都作了详细的记述。宋应星还十分重视经济作物的栽培，例如种植甘蔗，书中具体叙述了怎样选择土壤、选留蔗种、育苗移秧以及中耕培土等增产措施。直到现在，我国广大蔗农仍按照《天工开物》一书记载的做法进行种植。谈到油类作物，书中记述了16种油料作物的产曲率、油的性状以及它们的用途，甚至具体介绍了榨油的方法，这些方法直到现在还在油脂生产中使用着。

明代的手工业生产技术在当时世界是遥遥领先的。《天工开物》记载的工业生产包括纺织业、制盐业、制糖业、陶瓷生产、造纸业、矿业、冶炼业，机械制造业等等，几乎无所不包。

例如纺织业，《天工开物》中详细介绍了缫丝，丝织提花，以及轧棉、弹花、织布、染整等一系列生产工序。明代的提花机结构相当复杂，是当时世界上最先进的纺织机械。《天工开物》中有一幅《花机图》，把提花机画得非常清楚细致，为研究当时的纺织工业

和机械制造工业提供了形象的资料。《天工开物》用占全书五分之一的篇幅详细叙述了明代在采矿、冶金和金属加工方面的技术成就，宋应星是我国历史上第一个系统论述采矿工程的人。书上记载的许多冶金技术，反映了中国当时先进的铸造工艺。

宋应星写《天工开物》时已经47岁了，当时他只是江西分宜县一个分管教育的小官——教谕，由此可以想见到他是在非常困难的条件下完成这部科学巨著的。为了写这部书，他从青年时就收集资料，前后整整花了30年的心血，以至于当他47岁动手写作时，由于长期辛劳和用脑过度，看上去像是个年过花甲的老人。

《天工开物》问世后，不仅在我国科技领域中产生深远的影响，在世界科技史上也占有重要的地位。这本书出版不久，就传到日本，以后又译成法文。在法国以《中华帝国古今工业》的书名出版，促进了中国许多先进的科学技术在欧洲的传播。

闻名于世的英国科技史家李约瑟称宋应星是“中国的狄德罗”。把宋应星与同时代的法国思想家、《百科全书》的编撰者狄德罗相提并论，证明了宋应星的辉煌成就和《天工开物》在世界科技史上的重要地位。

哥伦布发现美洲大陆

提起美洲大陆，人们自然不会忘记世界上第一个发现美洲大陆的意大利航海家哥伦布。

哥伦布出生于1451年，一个意大利热那亚城的纺织工人家庭里。他从小便对大海产生浓厚的兴趣，憧憬着长大以后成为一个航海家。早在少年时期，他就多次参加航海活动，到过几内亚、英国等地，听到过各种各样关于航海的传说。特别是他与天文学家托斯堪内里(1397～1482)的通信中，相信从大西洋出发一直向西航行，可以到达东方的说法。他更想亲自去航行一次，来证明这位他崇拜的天文学家的观点是正确的。

可惜，当时的哥伦布贫穷如洗，身无分文，不要说去航海，就连正常的生活也难以维持。但这些困难，并不能阻拦哥伦布。为了实现他从太平洋向西航行的计划，为了实现他去富庶、遍地黄金的东方的目的，他开始周游各国，并先后到达葡萄牙、西班牙、英国、法国，向这些国家的国王游说，说他愿意冒险率领一支船队去东方，帮助寻找黄金，然而，这些国王并不相信哥伦布的话，认为那都是他杜撰的美好的童话。

哥伦布从1484年开始周游列国，一直遭到挫折，但是，这位冒险家并不气馁。俗话说“有志者，事竟成”，八年之后，1492年，他终于说服了西班牙的国王。国王决定派他率领一支探险队，去东方寻找黄金，还答应哥伦布，如果沿途中发现了新大陆，就任命他为新大陆的总督，准许他把新大陆土地上的收入与国王分成。

1492年8月3日，西班牙国王任命哥伦布为海军大将，率领87名水手，驾驶三艘帆船，从西班牙的巴罗斯港出发，开始了横渡大西洋的壮举。

当时，人们普遍认为地球是扁圆的，哥伦布此去，一直往西航行，是永远不可能再回到西班牙的，而且认为他的船队到达大西洋边缘时，将会掉入深渊。所以，在组建船队的，几乎没有一个船长、一个水手愿意跟他同行。无奈，哥伦布只能请求国王让他从死囚中挑选水手，要国王免他们一死，国王答应了他的请求。

哥伦布的船队在大西洋上航行了一个多月，一天早上，瞭望员向哥伦布报告说，前面发现了陆地，正在休息的哥伦布听后兴奋了起来，下令加速前进。可是，当船队进入那个海域里，那里根

本没有大陆，而是一片郁郁葱葱的海草，当时因为没有望远镜；瞭望员才误以为是一块陆地上长着的一片树林。这一下可麻烦了，海草缠住了船只，船速减慢了，最后，竟像陷入泥潭中一样，动弹不了。这一下三只船上几乎所有的水手都以为自己将要葬身于此了，于是引起了一阵情绪波动。

为了摆脱困境，哥伦布亲自下到舢板船上，带领水手，把船两边的水草拨开，这样经过了连续三个多星期的努力开辟，船队才走出这块一望无际的“海上草原”。这块“海上草原”，如今地理学名词称之为“马尾藻海”。

10月初，哥伦布船队脱离了无边无垠的马尾藻的包围之后，继续向西航行。经过了两个多月的航行，眼前却仍然是一片汪洋大海，那批死囚出身的船员也开始失望了，认为不如当初死在刑场，如今死在大海，连尸骨也无存。他们开始怀疑哥伦布，并对他开始不满。迫不得已，哥伦布只有拔出剑，威胁水手，不听令者，格杀勿论。同时，又欺骗他们说，前面就是印度，到了那里，遍地黄金，等取到黄金之后即刻返回西班牙，这才稳住军心。

黑暗即将过去，曙光就在前头。10月11日，瞭望员在船头惊呼起来，随着惊呼，哥伦布发现海面上有开着花朵的树枝漂来，他明白了附近一定有陆地，否则海上哪里来的树枝。

果然，第二天瞭望员在桅杆上大声向他报告：前面是一片陆地！“陆地，陆地！”三条船上的水手都欢呼起来。不一会儿，在哥伦布的率领下，他们乘上舢板，登上这一块处女地。这一天，离开8月3日出发正好是第71天。

这块大陆上，哥伦布他们发现住着一批土人，土人还过着半原始的生活，半裸着身体，连铁器都没看到过。但是这些土人都很友好，热情招待了哥伦布和他的船队。

由于这块新大陆上并没有找到黄金，过了几天，哥伦布又率领他的船队出发了，沿途又发现了许多岛屿，他把这些岛命名为西印度群岛，这种错误一直延续到今天。后来船只有些破损了，哥伦布为了安全，不得不下令驶回西班牙。

哥伦布回到西班牙，向人们宣布他发现新大陆的消息，他与船队的人们受到了热情的欢迎。这个消息很快传遍了欧洲，后来，到1499~1502年间，又有一位意大利学者亚美利哥两次考察了这块新大陆后，欧洲人才正式把哥伦布发现的新大陆命名为亚美利加洲，简称为美洲。

再说，哥伦布因为没有实现他的理想——找到黄金，因此他并不甘心。于是，以后的数年中，他又先后三次率领船队，再次横渡大西洋，想去印度找黄金，想到中国去看宫殿，可惜都以失败而告终。

哥伦布发现新大陆，不能说不是一个伟大的功绩，由于新大陆的发现，使得以后的新兴资产阶级向那块新大陆扩展势力，使得新大陆很快地繁荣起来，这都应归功于哥伦布的发现。然而，对于哥伦布来讲，他却没有得到丝毫的实惠。西班牙国王言而无信，并不承认他是新大陆的第一位总督，也不允许他从新大陆的收入中按比例提成。不仅如此，他还因为多次出海航行，欠债累累，穷困潦倒，只好被迫变卖了全部家产用于还债。

1506年5月20日，即哥伦布发现新大陆16年后，这位人类历史上最伟大的冒险家之一，终于因贫穷而过早地走向天国。但他发现新大陆的业绩，却标志着当时在航海领域、地理科学等方面的科技成就。

李时珍修《本草》

清晨，金色的阳光洒进湖北太和山的深山老林中。一个头发花白、年过半百的老人背着药篓、扛着药锄，带着两个年轻人，在

密林中寻找着什么。

这位老人就是我国明代著名的药物学家李时珍。

1518年,李时珍出生在湖北蕲州一个贫穷的世医之家。父亲李言闻是位医术高明,对药草深有研究的医生。李时珍从小受父亲的影响,常常跟小伙伴们一起上山采集各种药草。日子一长,他能识得许多草木的名称和它们的药性,俨然是一个小郎中。可是,在当时医生的地位十分低下,李言闻不愿让自己的孩子长大了像自己一样被上层社会看不起,所以让李时珍读书应试。在父亲的督促下,14岁时他一举中了秀才。李言闻也着实为李时珍高兴了一阵子,哪知李时珍志不在此,他一心只想将来做个救死扶伤的好医生。所以他对诗书经传并不用心,以后参加举人考试,接二连三地名落孙山。李言闻见儿子科举无望,只好依他自己的心愿,让他学了医。

从此,李时珍就一心扑在医学上了。他一面跟父亲学医,一面潜心研读历代医书。因为他医术出众,常有达官贵族家来请他看病。那些人家一般都藏书丰富,李时珍就利用他行医的方便,向他们借阅医书。这样一来,他的学问也就越来越丰富了,医术越来越精深了。不仅如此,李时珍还十分注意向同行学习。有一次,一个四川商人来找李时珍看病。李时珍仔细看了后,认为病人得的是不治之症。不料,一年以后,李时珍偶然在路上遇见这个四川商人,奇怪的是他的病已痊愈,连忙问其原因。原来这个在回家途中遇到一个被称为“小华佗”的医生,在李时珍的药方上又加了两味药,一下子治好了这个人的病。李时珍听了以后,向那人打听清楚了“小华佗”的住处后,立即回家整理行李,决定去拜见“小华佗”。“小华佗”见李时珍不辞千里来拜自己为师,十分感动,把自己的医术全部传给了李时珍。

李时珍看病还有个习惯,每诊治一个病人,他总要记下病例和医案，再对照古代医书，认真研究比较，及时总结经验。

就这样，功夫不负有心人。经过如饥似渴地刻苦研习，李时珍的医术越来越高明了。

有位老人，常年大便稀薄，腹部疼痛，到处求医无效。李时珍用一个布袋装了艾叶缠在老人的腹部，十几天后老人病痛就消除了。

有个孩子得了爱吃生米和泥土的怪病。李时珍认为，这是因为肚子里有寄生虫而产生的一种怪癖。便给孩子吃了杀虫药，小孩的怪病果然治好了。

李时珍治好的疑难杂症不计其数，因而医名大振，每天慕名前来求治的病人站满了他诊所的里里外外。

有一次，李时珍去抢救一个癫痫病人。刚赶到他家，病人已经死了。原来，药铺配药时按照一部古代药书《本草》的说法，错将有剧毒的“狼毒”当作另一味中药“防葵”了，因而把病人给毒死了。

又有一次，有个病人吃了一位江湖郎中的药后，病情反而加重了。病家请李时珍去复诊，他仔细验看江湖郎中开的药方，觉得方子上并没有开错药。于是，他又让病家取来药罐，倒出药渣，一一拨开来仔细查看，这才发现药渣中多了一味“虎掌”，而少了“漏篮子”这味药。显然，药铺又是按照这部古代《本草》，把“虎掌”误作“漏篮子”了。

古代的《本草》为什么有许许多多的错误呢？李时珍经过长期反复的思索后认为，关键就在古代编写《本草》的人缺乏深入调查研究，往往不是人云亦云，就是凭想当然的猜测。这部错误百出的《本草》已经用了好几百年了，如果再继续使用下去，那还不知要害死多少病人呢？想到这里，李时珍立下一个宏愿：要重修《本草》，对旧《本草》做一番改错补遗的“大手术”。

父亲知道李时珍的想法后，劝说道："修《本草》，需要把各地生产的药物都查访一遍，这样花费多少人力物力啊!凭你一个人的力量，那是万万不可能的呀!"

李时珍并不气馁，他开始勤奋地收集材料，为编写《本草》做准备。他勤读勤记，几乎把家乡藏书丰富人家的医书全读遍了。行医读书之余，他总是抓紧时间，手持药锄、身背药篓，不辞辛劳地上山采药。

经过多年的精心准备，34岁的李时珍开始着手编写新《本草》。他觉得这类供人查阅参考的工具书，最要紧的是分类要科学合理，写作体例要纲目分明。所以，定名为《本草纲目》。刚开始，写作还比较顺利，等到逐步深入，困难就来了。其中最棘手的是一些药物的形状和生长情况，旧《本草》根本没说清楚，有些还自相矛盾。李时珍尽管花了不少精力加以辨正纠错，但仍有许多药物，李时珍还从未见过，一时也无法确定正误。见到儿子犯难的情景，父亲提醒说："你为什么不用几年前写《蕲蛇传》的方法呢?"

原来当地九峰山产一种名叫"五步蛇"的毒蛇，是治疗风痹、惊搐的良药。但药商经常出售假五步蛇。为了弄清楚五步蛇的真相，李时珍把生命置之度外，攀悬崖、登峭壁，几次到九峰山探蛇洞。在捕蛇人的帮助下，李时珍捕了许多五步蛇带回家深入研究，遇有弄不清楚的问题就向内行的捕蛇人请教。后来，他写了一篇《蕲蛇传》，纠正了许多古代《本卓》上对五步蛇的错误说法。听了父亲的提醒，李时珍心中豁然开朗："对，应该到大自然中去，到百姓大众中去找答案。"

李时珍脚穿草鞋，身背药篓，手拿药锄，带上药书和纸笔起早摸黑，不辞辛劳地四出采药。无论走到哪里，只要有不明白的地方,他就虚心向有经验的老农、渔民、樵夫、猎人请教。

有一次,他为了弄清老虎全身各部分的药用性能,还拜一个猎人为师,边聆听、边记录,知道了老虎的头骨可以治惊痫、头痛,胫骨可以治手脚发麻……

对于古人和古书,李时珍从不盲从迷信。许多重要的观点、结论,他都要亲自加以验证。有一次为了证明穿山甲是吃蚂蚁的,他不顾危险,爬上峻峭的山峰去捉穿山甲来解剖。

经过李时珍几年的勤奋采集,他家里到处都是各种可以做药的动植物标本,墙上挂满了虫鸟、花草画图,园里种着各种药草,就像个百草园。李时珍就在这个百草园里勤奋地写作着。

这时的李时珍已经闻名遐迩了。在他38岁那年被征召进了专给皇家治病的太医院,太医院的藏书十分丰富。为了防止大火,太医院的藏书楼不许点灯。李时珍常常带着干粮,从早上一直到日落,孜孜不倦地看书、抄书。除了藏书楼,李时珍在太医院时去得最多的地方就数御药房了。那里不仅有来自全国各地的稀有药材,还有来自异国的药材,李时珍常常一连几天待在药房里,用心地研究。

太医院尽管有优越的研究条件,但毕竟身不由己,不能按自己的心愿去进行《本草纲目》的写作。所以,一心惦念着要早日完成《本草纲日》的李时珍,在太医院里待了一年多后,就托病回家,潜心写作了。

光阴如箭,转眼十年过去了。李时珍含辛茹苦编写的新《木草》已初见眉目,但是还有许多药名没有找到实物,还有一些药的功用没有得到验证。为了解开这些疑团,年近五旬的李时珍带上徒弟宠宪又开始了长途旅行。他俩的足迹遍及武当山、庐山,还到过江苏和安徽。师徒二人忍饥挨饿,风餐露宿,采到了许多以

前从未见过的药草，还从沿途百姓家中收集了许多民间偏方。

每天晚上，师徒俩不顾一天的辛劳，就地仔细地一一观察、研究白天采集来的药物和单方，然后把它们记录在本子上，常常通宵达旦。就这样，凭着百折不挠的毅力，李时珍在外地整整奋斗了三年。当他回到家乡时，收集到的资料多得要用牛车来装运。面对那么多新资料，李时珍动员儿子和孙子一起协助他编写这部巨著。

李时珍61岁那年，《本草纲目》终于写成了。为了让书早日出版，李时珍带着书稿来到了当时出版业的中心——南京。这时，他听说南京狮子山下的静海寺里保存着不少当年郑和下西洋时带回的外国花木。本着精益求精的精神，李时珍不顾年迈体弱，每天拄着拐杖，从住地赶到静海寺，细心地研究这些花木，把它们补写到还未出版的《本草纲目》中去。

用了近30年，查阅了近千种参考书，走了上万里的路，采集了1000多种药材，倾听了千万人的意见，写了上万字的札记，李时珍用毕生的心血写成了《本草纲目》这部名垂青史的煌煌巨著。这部书介绍了1892种药物，配有1100多幅药物形态图。他把这些药物，归纳为5部30类。他的分类原则与现代植物分类法基本相符，比欧洲人林奈提出植物分类法要早100多年。

《本草纲目》不仅是一部药物学著作，而且对植物学、动物学等学科的发展有伟大的贡献。所以，李时珍被认为是在林奈和达尔文之前生物学界的巨人。

《本草纲目》问世后不久就传到日本，在以后的100多年里它又相继传到欧洲各国，这充分说明它是17世纪到19世纪世界最伟大的科学著作之一。

冒险家——麦哲伦

关于地球是方的还是圆的，自古以来，引起人们许多的争论，人们各执其词，莫衷一是。然而，古代那些权威人士却认为地球是方的，即使到了哥伦布航行大西洋时，人们还认为地球像一块铁饼，是扁圆的。为了证明地球是球形，葡萄牙著名的航海家、冒险家麦哲伦竟为此献出了自己的生命。让我们还是从头说起吧。

1480年，麦哲伦出生在葡萄牙的一个没落骑士的家庭里。他16岁时，进入了国家航海事务厅。

15世纪的欧洲，生产力得到迅速的发展，资产阶级开始逐渐兴起，尤其是航海事业发展迅速。那时葡萄牙人已经开始沿着西非大西洋海岸航行。公元1420年，葡萄牙亲王亨利，亲自创办了一所航海学校，培养航海人才，这就有力地推动了航海事业的发展。靠着航海，葡萄牙人不断向外扩张势力，掠夺黄金、象牙和奴隶。到1487年，葡萄牙的航海家迪亚士首次率领船只通过非洲的好望角，从此，葡萄牙人开始了远航。1497年，葡萄牙航海家达·伽马率领船队绕过好望角，经过印度洋到达了印度，两年之后又回到葡萄牙。这次航行为日后葡萄牙推行殖民主义开辟了新航线。

再说麦哲伦进入航海事务厅之后，当时哥伦布已经发现了新大陆，达·伽马又开辟了新航线。年轻的麦哲伦早已把他们作为楷模，也立志成为一名探险家、航海家。1505年，25岁的麦哲伦，以一名普通水手的身份，第一次开始了远航的生涯。那次，他的船队从葡萄牙起航，向印度进发。船队曾通过东南亚的主要通道马六甲海峡，到过南洋群岛。

在那次漫长的航海中，麦哲伦还参与了殖民者的掠夺活动。在航海活动中，他历尽千辛万苦，经受了惊涛骇浪的考验，终于成为一个具有丰富航海经验的航海家。

就在哥伦布发现美洲大陆不久，又有一些航海家发现美洲大陆的西面有一片无边无际的大海，这个发现应当归功于1513年西班牙航海家、探险家巴尔波业。他的航行证明了这个大海——“大南海”的存在。于是，又有航海家试图寻找一条能够沟通大西洋与“大南海”的航线。

经过了一次远航之后，麦哲伦做了猜测，他认为“大南海”的东面就是哥伦布发现的新大陆，通过新大陆，进入“大南海”，就可以到达他的老朋友谢兰所居住的香料群岛(今属印度尼西亚)。于是他产生了一个大胆的冒险计划:从葡萄牙出发，一直向西，绕过新大陆，通过“大南海”，去找老朋友谢兰。

麦哲伦为了实现这一冒险计划，他编制了一份详尽的环球航行计划，报告了国王，可是葡萄牙国王对此不感兴趣。于是，经人引见，他又去找西班牙国王。国王一听，认为这是一次极好的向外扩张的机会，便当机立断，与麦哲伦签订了一份协议书，任命麦哲伦为西班牙探险队队长，组建一支航海船队。

在查理一世的帮助下，1519年9月20日，麦哲伦率领了拥有5艘帆船，265名探险队员的庞大船队离开了西班牙，向大西洋驶去，开始了人类历史上第一次最伟大的环球航行。

船队在大海中整整航行了70天。11月29日，到达了美洲大陆的巴西海岸。于是，麦哲伦决定寻找沟通“大南海”的那条通道。第二年的1月10日，船队终于发现了一个海湾，他们以为这就是要找的那条通道，便欢呼起来。可是不久，经过勘测，它只是一个河口(即如今的拉普拉塔河的入海口)。又过了几个月，天气已是隆冬季节，可是通道还没有找到，麦哲伦为了做好长期航行的准备，下令让船队进港湾过冬，并下令在停航期间削减每人的口粮。

这时候，船队在这块荒无人烟的新大陆上，加上缺粮，许多人思想开始波动，士气低落，甚至连几个船长也发生了动摇，有三个船长竟勾结起来，背叛了麦哲伦。麦哲伦迅速整顿了队伍，杀死了两个船长，押留了另一个，平息了叛变，重新组织好船队。

1520年8月，春天又来到了南半球，麦哲伦指挥他的船队又踏上了征途。10月，他们终于发现了那个要找的海峡。这个海峡，后来被命名为"麦哲伦海峡"。这是世界上风浪最猛烈的水域之一，航道窄、行船难。麦哲伦只好派出一艘船作先遣部队去探险。谁知道这一艘船，一去不再回来，原来船上的水手发生了叛乱，他们胁迫着船长，把船开回西班牙去了。麦哲伦左等右等，不见探险船的踪影，只好亲自带领了三艘船在前面开路，探索航线。经过整整28天艰险的航行，船队才到达海峡口，见到了日思夜想的"大南海"。此刻，船队又像恢复了元气，欢呼起来。

之后，麦哲伦带领了船队，在"大南海"上整整航行了三个月，"大南海"上竟一直风平浪静，于是麦哲伦就给这个大海起名为"太平洋"。

1521年3月下旬，船队到达了菲律宾群岛，此刻，麦哲伦从土人那里打听到他们离开香料群岛已不远了。这完全可以证明地球是圆的了。因为只要到达香料群岛，就可以证明他们从西班牙出发，经过大西洋，到太平洋，如果再回西班牙的话，就已经环球航行了一圈。眼看这一个举世瞩目的创举将要实现了。

可是，谁也不会料到黎明之前是最黑暗的时刻，他们的统帅，第一个环球航行的冒险家，竟在胜利的前夕，为此献出了自己的生命。原来船队在菲律宾群岛的一个小岛上与土人发生了冲突，由于寡不敌众，麦哲伦左腿中了一箭，逃脱不了，被土人活活砍

死。他的部下也有许多人丧生。

麦哲伦手下的人边战边退，逃回船上。那18名幸存者，乘着唯一幸存的一艘船，继续西行，到达了香料群岛之后，又沿着印度洋，绕过好望角，终于在1522年9月6日胜利返回西班牙，历时近三年。

麦哲伦和他的探险队终于完成了人类历史上的第一次环球航行。除了麦哲伦他们的英雄精神之外，也标志着16世纪人类在科技上的成就——航海水平已达到了相当高的程度。

神秘的偷尸人

在人类研究自己身体的历史上，有一个光辉的名字——维萨留斯。1543年，他的《人体结构》一书出版，这是世界上第一部关于人体解剖的专门著作，维萨留斯自然是人体解剖学的开山鼻祖了。

1536年，18岁的维萨留斯是一所医学院的学生，对解剖学兴趣正浓。那时医学院教的解剖学全是盖仑编的教材。那么，这个盖仑是个什么人呢？原来他是公元2世纪时古罗马的一位名医，做过罗马皇帝的御医。曾经解剖过猪、羊、狗等许多动物，在仔细研究了这些动物的生理构造后，写下了100多部医学著作。在盖仑那个时代，不能对人体进行解剖，聪明的盖仑就应用类比推理的方法来推测人体的构造，这样，自然有许多想当然的成分，有许多荒诞不经的结论。譬如，他根据爬行动物腿骨是弯曲的，推论人的腿骨也是弯曲的。岂非人人都是“罗圈腿”？但偏偏在当时的欧洲医学界，盖仑的理论被奉为“经典”。没有人敢说一个“不”

字。但维萨留斯却是个爱好钻研的人，他对盖仑漏洞百出的教材十分怀疑。18岁的他年轻气盛，决心冒险解剖人体，来探个究竟。但在那个时候，没有人肯拿自己的，或者亲友的尸体去给医生解剖的。维萨留斯想来想去，只有去偷受绞刑而死的犯人的尸体。但当时的法律规定，盗尸是要处死刑的，维萨留斯左右为难，但为了寻求科学真理，他决心冒险了。

1536年10月，秋风萧瑟。比利时卢万城外竖着一座处死犯人的绞刑架。这天白天，刚天行过刑。直到晚上，尸体吊在架上还没人来认领，阵阵寒风吹来，那尸体便不停地摇晃起来。刑场四周荒草遍野，随处是掘地埋葬死犯的野坟，一到晚上，鬼火点点，哪怕是吃了豹子胆的人也不敢在夜间向这里走近一步。这时，在绞刑架下的草丛里突然窜出一个蒙面黑影，只见他三步两步跳到架下，从腰间抽出一把钢刀，随着刀起，绞索就被割断。吊在绞刑架上的尸体就一下子直落下来。这人丢下刀子，背起尸体，快步离去了。

这时，从城墙那边传来了一阵狗吠，原来是哨兵的狗听到了动静。哨兵们这才觉察有人偷了尸体，马上骑着马，打起火把，追赶而来。那人却早已钻进一片黑暗之中，不知了去向。

那人在夜色掩护下抄小路进了城，又拐进一所院子，下了地道。地道的尽头是个密室，那人进了密室后，将门关得严严实实。屋子的中间有张解剖台，那人把尸体放在解剖台上，一连点燃了几支蜡烛，放在解剖台的四边，拿上解剖刀，聚精会神地做起解剖来。

这个神秘的偷尸人，正是维萨留斯。

由于解剖研究的需要，维萨留斯不得不一再充当偷尸人的角色。时间长了，密室的秘密终于让外人知道了。维萨留斯知道这个地方再也待不下去了，便收拾行装去了巴黎。

在巴黎医学院，维萨留斯专攻解剖学。巴黎医学院是当时欧洲最有名的医学高等学府，但解剖学讲的仍然是盖仑的那套东西。有一次，维萨留斯问老师说："盖仑讲人腿的骨头是弯的，可是人是直立行走的，腿骨怎么会是弯的呢？"那老师给问住了，支支吾吾了半天，终于说："盖仑是不会错的，现在的人腿直，那是因为穿窄裤腿的缘故。"维萨留斯听了，立刻反驳道："那么女人呢？女人穿裙子，照您这么说女人腿骨是弯的了？"那老师自知自己的回答荒唐可笑，竟然恼羞成怒，把维萨留斯赶出了教室。

维萨留斯见自己在这里实在学不到东西，便愤然离开了。

1537年底，他被意大利的帕多亚大学医学部聘请为教师，专门讲授解剖学。帕多亚大学医学部是当时欧洲的医学中心，学者云集，学术研究的气氛很浓。维萨留斯安下心来，把自己多年辛苦积累起来的资料悉心钻研整理，开始写他酝酿已久的关于人体构造的著作。1543年，这本名为《人体结构》的书终于出版了。在这本书中，有史以来第一次出现了300多幅精致的插图，不仅显示了人体全身的骨骼、肌肉，还准确地表示出人的内脏器官。在这本书中，维萨留斯还指出了盖仑的200多处错误。维萨留斯的辛苦总算没有白费。人类因为有了他，才在科学认识自己的道路上前进了一大步。

巴雷对创伤外科学的贡献

16世纪时的法国连年与邻国交战，国内的青壮年男丁差不多全被征兵，为皇室作战。19岁的理发匠巴雷自然也难逃厄运。因为他有理发的手艺，所以当了一名随军的理发师，按那时的规矩，军中理发师还兼作战时的临时外科医生,负责治疗伤员。当时,在战争中已经广泛使用霰弹炮和火枪。每打完一仗,都有大批伤员。而在300多年前,欧洲的外伤医学还相当落后,治疗枪伤的唯一办法是用烧红的烙铁或滚烫的热油直接往伤员受伤的部位烧灼或浇注。据说,只有这样做,才能防止火枪发射时的烟雾对人体的毒害。当时,欧洲人还不懂得麻醉术,受伤的士兵在皮肉嗞嗞作响的烧灼声中,发出绝望的惨叫。在饱受这样的酷刑之后,他们不是昏迷不醒,就是因为忍受不了这种折磨而死去。

富有同情心的巴雷,每每做这样的手术,看到伤员在烧红的烙铁下挣扎时痛苦万状的情景,心情真是万分沉重。

在那个时候,理发师往往还兼处理骨折、创伤、做放血治疗等医疗服务。理发师简直就顶半个外科医生。巴雷是个刻苦好学的人,不仅理发手艺好,也很精通医道。他对在欧洲流传了几百年的烧灼治疗很是不满。他想,最好能用一种干净的、柔和的膏脂类的东西敷在伤口上。这样,使创面与空气隔绝,起到保护作用,然后让伤口逐渐愈合。

1536年,巴雷所在的军团与神圣罗马的军队在法国北部展开了一场激烈的战斗。设在战地的临时急救站里送进一批又一批的伤员。由于伤员实在太多,用来浇这伤口的沸油一时供应不上。面对一个个痛不欲生的战友,巴雷拿出自己早已配制好的药膏,大胆地给伤员们用上了。

巴雷发明的药膏,在今天看来一点也不复杂。它是用熟鸡蛋黄、玫瑰油、松节油等调和而成的。这种呈淡黄色的药膏散发着清香,使用后,效果竟是出奇的好。伤员的伤口既没有发炎,也没有肿胀,更没有他担心的受火枪烟雾“毒气”中毒的现象。不久,这些伤员们的伤口逐渐愈合了,他们很快地恢复了健康,重返前线。而那些接受烧灼、浇注治疗的伤员却个个徘徊在死亡的边

缘,在痛苦中受尽了煎熬。

一种全新的、科学的枪伤新疗法就这样在炮火中诞生了！它深受广大伤员的欢迎。巴雷的新疗法迅速地推广开来,一直沿用了很长时间。直到现在,临床使用的某些药膏还是后人在巴雷发明的基础上加以改进后制成的。

除了发明枪伤药膏外,巴雷在医学上还有许多发明。当时,对伤员采用烙铁烧灼创面的另一个目的是结扎血管,这是止血的必要手段。巴雷经过仔细观察,发现只要将伤口以上的大血管用绳子结扎起来,就像把河流的主流切断,支流自然就断水的道理一样,很容易达到止血的目的。这种办法一采用,效果也是出奇的好。不仅血止住了,而且捆扎后肢体局部麻木,能大大减轻伤员的疼痛感。这一革新,使外科截肢术获得重大进展。

巴雷还有一项造福人类的功德,就是发明了给胎位不正的孕妇使用的腹部按摩法。这种方法能使胎位拨正,使孕妇顺利分娩。直到现在,这种方法仍在应用。

巴雷的杰出贡献,把欧洲的外科医学大大地往前推进了一步。1575年,巴雷总结了自己从医40多年的经验,用通俗、浅显的文字,写成了一部内容丰富、翔实的医学巨著——《外科学》。这部著作后来成为军医的必读书,成为外科医生的工作手册。

这位拿理发刀出身的医生,是现代外科医学的创始人。

用动物做实验的人——哈维

大凡在科学史上有所发现、有所发明、有所创造的人,都是敢于向权威挑战的人。哥白尼敢于怀疑亚里士多德的理论,怀疑

“地心说”，才创立了全新的“日心说”。到了17世纪初，又出现了一位敢于向权威提出怀疑的学者——哈维。

哈维1578年出生于英国的一个富裕农民的家里。他19岁毕业于英国的剑桥大学，之后到意大利留学，五年后他成为医学博士。在意大利学医时，他还常常去听伽利略讲授的力学和天文学，深受这位教授的影响，使他的求知欲已跨越了学科的界线。特别值得一提的是，伽利略注重实验的做法，对哈维影响极大，这为他日后研究医学，发现人的血液循环奠定了基础。

说到认识人的血液循环时，对于今天的青少年来讲，似乎无人怀疑过。然而，在古代，要认识它可不容易，而且多少科学家、学者付出了昂贵的代价——鲜血和生命。

在古代，著名学者、哲学家亚里士多德的言论，被誉为仅次于神的权威，不容置疑。他对于人的血液循环毫无认识，因而十分错误地提出人体内（血管内）充满着空气。这种错误的说法延续了几百年，直到1800年前，被一位古罗马的神医盖仑否定，他指出人血管里流的是血。显然，比亚里士多德前进了一大步。

盖仑的理论认为，血液在人体内像潮水一样流动之后，便消失在人体四周。由于他是一位名望极高的神医，于是人们一千年内都把他这种血液理论奉为真理，不许怀疑。

然而，科学是不断发展的。到了16世纪，欧洲文艺复兴促进了科学的发展。当时比利时的医生维萨里认为盖仑的理论是错误的。不久，西班牙的医生、宗教的改革者塞尔维特便提出了血液在心肺之间进行小循环的看法，这两位巴黎大学里的同学，相继向权威盖仑进行挑战。但是他们都付出了惊人的代价，维萨里受到宗教裁判所的迫害，被判处死刑。塞尔维特由于出版了《基督教的复兴》触犯了西班牙教会，有人扬言要处死他，他便逃往日内瓦。可惜仍没有逃过劫难，他被人出卖，1553年10月，在日内

瓦被当作“异教徒”，活活烧死。这两位医生，为了研究人的血液循环，向权挑战，献出了自己宝贵的生命。

科学探索是无止境的。半个世纪之后，已经成长为医生的哈维继承了他们的事业，他决心弄清人体血液的奥秘，认为如能突破对于治病救人必将有新的贡献。于是，他选择血液这一专题，进行秘密研究。

哈维系统地分析了前人的研究情况：公元前3世纪古希腊的医生，解剖学的创始人赫罗非拉斯，最早把静脉与动脉区分了开来；公元前2世纪，盖仑提出了血液流动的理论；15世纪，著名画家、医生达·芬奇通过解剖，发现并提出了心脏有四个腔的理论，以及维萨里与塞尔维特研究的成果。前人的研究成果，首先开拓了哈维的视野，然而，他是一个善于思索的人，并不迷信权威的理论，更难能可贵的是他敢于怀疑权威的理论，他喜欢“打破沙锅问到底”，他问自己“血液真的流到人体四周就消失了吗？怎么会消失的呢？”等等。

他决心像伽利略一样，通过做实验，去揭开人体血液循环的神秘面纱。这一系列实验，他首先拿动物开刀，他认为动物的血液与人有着相似之处，据他的笔记记载，他一生共解剖过动物的种类多达40多种。他解剖过许多大动物，通过解剖，终于发现心脏像一个水泵，把血液压出来，血液便流向全身。

哈维用兔子和蛇，反复做实验，他把它们解剖开之后，找出还在跳动的动脉血管，然后用镊子把它夹住，观察血管的变化，他发现血管通入心脏的一头很快鼓胀起来，而另一端就马上瘪下去了，这说明血是从心脏里向外流出来的，由此证明动脉里的血压在升高。他又用同样的方法，找出了大的静脉血管，用镊子夹住，其结果正好与动脉血管相反，靠近心脏的那一段血管瘪了下去，而远离心脏的另一端鼓胀了起来，这说明静脉血管中的血是流往心脏的。

哈维在不同的动物解剖中发现了上述同样的结果，他终于得出了这样一个结论：血液由心脏这个“泵”压出来，从动脉血管流出来，流向身体各处，然后，而从静脉血管中流回去，回到心脏，这样完成了血液循环。他把这一发现，写成了《动物心脏和血液运动》一书，正式提出了关于血液循环的理论。为了使读者信服他的理论，他在书中说：一切推理和实验都表明血液是由于心室的跳动而穿过肺脏和心脏的，由心脏送出分布全身，流到动脉和肌肉的细孔，然后通过静脉由外围各方流向中心，由较小的静脉流向较大的静脉，最后流入右心耳。……因此，有绝对的必要作出这样的结论：动物的血液是被压入循环而且是不断流动着的；这是心脏借跳动起来完成的动作和机能，也是心脏的动作和唯一结果。

为了让人们接受他的观点，证明人的血液循环也与动物是一样的，他还在人身上反复地实验。他请了一些比较瘦的人(容易在身上找到血管)。他把那些人手臂上的大静脉血管用绷带扎紧，结果发现靠近心脏的一段血管瘪下去，而另一端鼓了起来。他又扎住了动脉血管，发现远离心脏的那一端动脉不再跳动，而另一端，很快鼓了起来。证明完全与动物的血液循环是一样的。他在书上告诫人们：“无论是教解剖学或学解剖学的，都应当以实验为依据，而不应当以书籍为依据；都应当以自然为老师，而不应当以哲学为老师。”

哈维终于在医学史上取得了巨大的成功，但他的理论因为有悖于权威的理论，所以书出版之后，就遭到当时学术界、医学界、宗教界的权威人士的攻击，说他的著作是一派胡言，是荒谬而不可信的。幸好，哈维当时是英国国王查理一世的御医，受到国王的宠幸，这才使他没有像前辈维萨里、塞尔维特那样付出生命的

代价。

直到哈维1657年逝世以后的第四年，伽利略发明的望远镜，被意大利马尔比基教授改制为显微镜用于医学上，观察到毛细血管的存在，才真正证实了哈维理论的正确性。哈维的血液循环理论的被承认，标志着当时的科技在医学领域中的显著成就。

近代物理学的开山鼻祖——伽利略

比萨是意大利北部一座美丽的海滨城市。1564年2月15日，在这座小城里诞生了一个男孩。他就是近代物理学的开山鼻祖——伽利略。

伽利略从小聪明好学，上学的时候，总爱向老师提各种各样的问题，老师们见了他实在是又喜欢又害怕。因为他提出的种种问题，常常把老师问得张口结舌。

到了大学时期，伽利略成为一个善于思考、有独立见解的青年。那时候，在大学里，亚里士多德的思想被奉为金科玉律。要是学生对老师的说法有什么怀疑，老师只需一句话："这是亚里士多德说的。"学生便不敢再生怀疑。而伽利略却与众不同，凡事他都要弄个明白。伽利略家境贫寒，父亲见他读书这样不守"规矩"，就让他中途辍学了。好在伽利略从小养成了独立思考和刻苦钻研的习惯，他就在家里自学，研究他一心喜欢的数学和物理学。四年以后，由于他在数学和物理学方面的非凡造诣，被他的母校聘请回去当教授。这位25岁的教授，可不像其他教授只知道背诵亚里士多德的著作，他提出科学需要细心的观察和精确的实验。那时，物理学上有一条亚里士多德提出的经典定律。亚里士多德说，如果让两件东西同时从空中落下，必定是重的先落地，轻的后落地。可是伽利略却认为物体落下来的速度跟它自身的重量是没有关系的。当伽利略提出自己的想法时,别人都把他当作是个不知天高地厚的疯子,于是他决心做一次实验,让人们来个亲眼目睹。

实验地点选在比萨城内有名的斜塔。那天,塔下人头攒动。伽利略身后跟着他的助手,两手各提着一个铁球,其中一个足足是另一个的10倍重。还有一位作为监督的教授,一起登上了塔的顶层。伽利略和助手各持一个铁球,从顶层的阳台上探出身去,而后由那位教授发令,两人同时撒手,让铁球落下。只见两个球齐头并进,眨眼之间,咣当一声,同时落地。塔下的人,一下子都懵住了。校长和许多教授都不敢相信眼前的事实,有人竟诬蔑说这是伽利略施的魔法。伽利略觉得没有必要与他们争辩,只是一字一句地说道:“我要告诉诸位,这个实验说明,物体从空中自由落下时不管轻重,都是同时落地。也就是说,物体无论轻重,它们的加速度是相同的。”

伽利略宣布的,是物理学上一条极重要的定律——自由落体定律。它导致了以后一系列重大的科学发现。

其实,伽利略在这个重大发现之前的五六年前,已经有了一项功不可没的伟大发现,并且创立了单摆定律。

那时他还是一个十七八岁的大学生,常到比萨教堂去温习功课。一天晚上,伽利略走进教堂,看见屋顶上,那盏悬挂着的吊灯被微风吹拂得轻轻地来回摆动。这本是司空见惯的事情。可是,伽利略却看得出了神,经过仔细观察,他发现每次摆动个来回的时间都差不多。那么到底是差不多,还是相同呢？于是,他马上用右手按住左手的脉搏,一面注视着吊灯的摆动,口中默默地数着数。这样重复了几次,他惊奇地发现,吊灯每摆动一个来回所需的时间都是一样的。回到家里,他又用实验来验证自己的发

现。结果，他又发现了新的秘密：摆动所需的时间跟悬挂摆件的绳长成正比。

伽利略发现的这一规律，就是物理学上的单摆等时性定律。1667年，荷兰物理学家惠更斯运用这一定律，制造了世界上第一座有钟摆的时钟，开创了钟表科技这一新的领域。

再说，伽利略当众做了自由落体实验之后，得罪了这班顽固教授，自然就不能再在比萨大学待下去了。在朋友们的帮助下，他来到了学术气氛比较自由的威尼斯帕多瓦大学任教。有一天，他听说有个荷兰的眼镜商人，把两片凸凹镜片叠在一起，制成了一个能放大3倍的望远镜，他很感兴趣，就着手研究其中的原理。然后，又根据光学原理，制作出一架能放大30倍的望远镜。

1609年8月21日下午，天气晴朗，海风习习。伽利略拿着这架望远镜，身后簇拥着一群人，登上了威尼斯城的钟楼。“请诸位看看，海上可有船只？”随着伽利略的话声，大家朝亚德里亚海湾极目望去，只见碧波万顷，水天一色。海上并无一帆一船。这时，伽利略举起那架一尺来长的圆筒望远镜，朝海上望去，然后说道：“海上有两只二桅大船正向我们驶来。”说完，把望远镜递给随行而来的人们，大家一一举着望远镜，都把那两艘鼓帆而来的商船看得清清楚楚。

伽利略手中的这架望远镜，其实是划时代的天文仪器，他研制望远镜的目的，正是为了观察天象，进行天文研究。以后，遇到夜空晴朗，他会经常久久地，用这架望远镜遥望太空。他用这架望远镜发现了太阳上的黑子，月球表面的平原、高山，木星的四个小卫星，发现了银河是由许许多多的恒星组成的。他的一系列发现轰动了欧洲。人们说，哥伦布发现了新大陆，伽利略发现了新宇宙。

在科学发展史上，伽利略被推崇为近代物理学的开山鼻祖，认为正是他和以后的惠更斯等人为牛顿构成力学大厦准备了材料，打下了基础。那是因为，除了他在本文上面所讲的许多贡献之外，还有另外一些了不起的发现呢。

伽利略曾在一块木板上刻出一道光滑的槽，然后把一头抬起，让一个小球在槽内从上到下自由滚下，同时记录下每次运动的时间和距离的关系。他不断改变木板的长度和倾角，这样接连做了100多次实验，证明了小球的运动速度和时间成反比，运动距离和时间成正比，这就是匀加速运动定律。

这项实验再发展下去：小球从斜面滚到平面上，如果平面很光滑，小球差不多保持匀速运动；如果遇到前面的一个斜面，小球能往上滚到它下落时差不多的高度。这个实验，实际上推翻了当时盛行的关于外力停止，运动也随即停止的观点，发现了惯性原理。

这次实验再往下发展：小球从桌上滚落到地上。这就和炮弹从炮膛里打出去的情况很相似。伽利略发现这种受惯性和重力的影响的运动，它的运动轨迹是抛物线。

另外，伽利略还发现了运动的相对性原理。他说，在行驶的船上，从船桅顶上掉下来的东西，不会落在桅杆后面，因为它和船在一起运动着。后来有人用实验证实了他的论断。

伽利略是那个时代最伟大的科学家。无怪乎他被当时的人们称为“当代的阿基米德”。

笛卡儿创立解析几何学

也许，人们都讨厌到处结网的蜘蛛，因为它给人们行路带来了诸多不便。然而，有许多人对它却情有独钟。传说，奥地利王

子曾屡战屡败，准备自刎时，是蜘蛛救了他。原来这位王子在兵败到落荒之地时发现了一张大蜘蛛网。一阵狂风，把蜘蛛网吹得荡然无存，但蜘蛛并不气馁，不多久一张新网又结起。如此几番遭狂风袭击，又几番网破了重结，终于使这位王子清醒。他收拾残兵败将，终于重振旗鼓，战胜敌人，登上皇位。

这当然仅仅是关于蜘蛛的美好传说，无从考证。

无独有偶的是，小小蜘蛛竟给人以启迪，使得17世纪法国的著名数学家、哲学家笛卡儿创立了解析几何学。

让我们先暂且不说这个蜘蛛的故事，还是先从17世纪20年代的科学史说起吧。

在经历了漫长的中世纪之后，随着生产力的发展，资本主义逐渐兴起。它将最终要取代封建主义，尽管宗教势力疯狂地反扑，但毕竟不能阻挡历史发展的车轮。到17世纪前，近代科技史上的黑暗时期已经过去，随着新航线的开辟，引发了一场商业革命，资产阶级开始崛起，特别在英国，广泛地开展文艺复兴运动，造成了经济繁荣的局面，于是出现了以培根为代表的新唯物主义哲学观。在这种哲学观的指导下，科学得到了发展，商人纷纷出资办学校，资助学会，促使科学队伍的壮大。

笛卡儿就出生在这个时期。1596年3月21日，他出生在法国土伦的一个律师家庭里，优裕的家庭环境，使他从小就受到良好的教育。他在欧洲最著名的教会学校——拉弗累舍公学中，打下了扎实的数学基础。

笛卡儿是一个数学天才，曾有过这样一个故事。

1617~1626年，笛卡儿参军，在军队里当文书，但他始终不懈地钻研数学。参军的第二年，当时他们的部队驻扎在荷兰共和国的一个小镇上。一天，笛卡儿在街上闲逛，看见一群人围在布告栏前议论纷纷，他也挤了进去，可惜他看不懂上面写的字，于是就

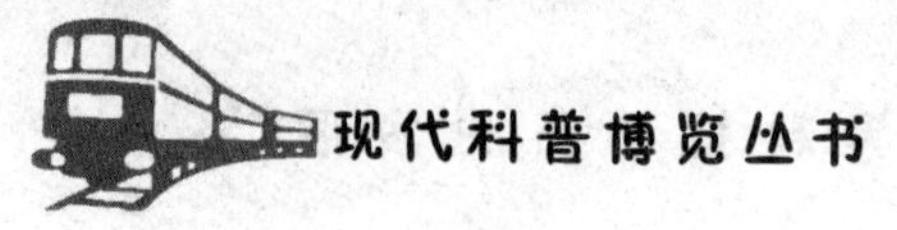

用法语问别人。

没料到正巧碰上了一位学院院长，那位院长见了眼前这个冒失的小伙子，就同他开玩笑说："你想知道布告上写着什么吗？这可要有个条件，两天之内你必须把正确的答案告诉我。"笛卡儿点了点头。那位院长告诉他，镇上在进行一场数学竞争，布告上便是题目，谁获第一，谁就可以荣获全镇数学家的称号和一大笔奖金。

第二天，笛卡儿做出了全部题目。当答案送到了那位院长手中时，院长惊讶极了，原来这位貌不惊人的军人竟又简洁又清楚地做对了全部竞赛题目，夺得了桂冠。

想不到这次意外的数学竞争，笛卡儿与那位院长——著名的数学教授结下了不解之缘，两人经常在一起研究数学，这为日后笛卡儿成为数学家打下了基础。

后来，笛卡儿离开了军队，游历了丹麦、德国、意大利等国，使他开阔了视野，更坚定了学术研究的决心。从1628年起，他移居荷兰专门从事研究。

有一次，笛卡儿生病躺在床上，无所事事，突然发现天花板上一只蜘蛛爬来爬去，这下引起了他的极大的兴趣，他仔细观察蜘蛛围绕着天花板、墙角在织网。看着悬在半空的蜘蛛，笛卡儿忽然叫起来："有了！"突然的叫声，引来了家人，问他出了什么事？

原来，这段时间笛卡儿正在研究用代数法解几何问题，寻找如何把几何中的点与代数结合的途径，可是百思不得其解。但当他看到这只蜘蛛时，就想到能不能用两角墙边的交线与墙及天花板的交线，来确定悬在半空的蜘蛛位置呢？这一发现，竟然像服了一帖特效药一般，笛卡儿顿时感到病好了许多，于是从床上爬起来，在纸上画了起来，他画了蜘蛛网拉出的几条线，又画出悬挂半空中蜘蛛的线，终于他寻找出一种用三条互相垂直的线组成的

坐标，来测定蜘蛛的位置(点)，就这样笛卡儿终于解决了一个难题。从此以后，他又长期从各个角度来证明这一发现(后人称这种坐标为笛卡儿坐标)。终于，在数学王国的领域里创立了一门新的学说——解析几何学。

笛卡儿在科学方面的成就不仅仅是创立解析几何学。1633年，他写成了一本《论世界》的书，书中他重申了哥白尼的“日心说”，但迫于当时教会的势力，为了不让这本书出版时受阻，他在做了修改之后定名为《科研方法指导论》，于1637年出版。到1644年，他的又一本哲学著作《哲学原理》写成出版了。连同他在1642年写的另一本哲学著作《哲学的沉思：上帝、精神、肉体》，笛卡儿成了当时法国最主要的唯物主义派别的代表人物。笛卡儿的哲学观，实际上是代表了当时新兴的资产阶级的要求，他特别强调哲学对于科学的指导作用，他说：“人们可以找到一种实用的哲学，来代替那种在学校里传授的哲学，靠着它，我们认识水、火、空气、星辰、天界和一切其他环绕我们的物体的力和作用……这样我们就成为自然界的主人翁和占有者了。”这种哲学观，显然比康德、黑格尔的唯心主义哲学观大大前进了一步。当然，由于时代的局限，笛卡儿的哲学观又反映了资产阶级的软弱性和不彻底性，这主要表现在他力图寻找一种科学与宗教矛盾能调和的途径。这样，他就把物质世界与精神世界分开，把灵魂与肉体分开。

但尽管如此，在世界科技史上，笛卡儿仍有着举足轻重的地位，影响着后人。特别是笛卡儿哲学，对牛顿的影响极大，它是牛顿哲学的主要基础。牛顿后来的研究方法，正是吸取了笛卡儿与培根的长处才取得了突破，从这个意义上来讲，笛卡儿可以说是牛顿攀登科学高峰的人梯之一。

大气压强的发现

1654年春季的一天，法国勒根堡的郊外风和日丽，山坡下的平地上聚集了上千人，等着观看马德堡的市长奥托格里克表演的一个科学游戏。皇帝、皇后也兴致勃勃地赶来了，所以场里的气氛格外热烈。

只见奥托格里克一手拿着由他设计制作的两个铁制的直径20厘米的半球来见皇帝。他告诉皇帝，这两个半球，取名为马德堡半球，把它们合拢后，抽去里面的空气，两边即使各用五六匹马来拉也未必能拉开。皇帝觉得这真是不可思议，催促奥托格里克赶快把实验做起来。

奥托格里克把两个半球啪地合上，然后用一个小唧筒，三下两下抽光了里面的空气。他将两根又粗又结实的绳子系住半球两边的环，让两个彪形大汉，一人拉一头绳子使劲拔起河来。

只见那两个大汉都使出了浑身的力气，可那两个半球还是紧紧地抱在一起。两边的壮汉增加到三个，可是两个半球反倒像越拉越紧了。看的人都目瞪口呆，简直不相信自己的眼睛。那小小的两个半球，怎么会吸得这么紧？这时奥托格里克干脆让壮汉们下来，牵过四匹骏马，一边两匹，让马来进行这场拔河比赛。“啪，啪”随着鞭声，骏马扬蹄奋力向前，可是无论骏马如何用力，却是前进不了半步，那两个半球牢牢地黏合在一起，依然如故。奥托格里克吩咐将两边的马匹一匹一匹地增加，一直增加到两边各是七匹骏马，还是不见分晓。看得众人都凝神屏息，广场上竟没有一点声音。这时，奥托格里克吩咐再各加一匹马，驭手的鞭子甩得如爆竹般炸响，马嘶啸啸，尘土飞扬。人们再也按捺不住，连皇

帝、皇后也忘记了自己的身份，站起来，跟着人们手舞足蹈地高喊道：“加油！加油!”只听得“嘭”的一声，铁球终于裂成两半。两边的八匹马各带着一个半球一下子冲出好几百米远。

这就是著名的马德堡半球实验。

皇帝看了实验，心里真是百思不得其解，便问奥托格里克说：“你莫不是在变什么戏法，要不，这两个半球怎么会有如此大的吸引力呢?”

奥托格里克说：“不是两个半球有什么吸力，而是空气对它的压力，也就是大气压强！”

“大气压强?”皇帝听了，越发觉得莫名其妙，这也难怪。这个现在连初中生都知道的物理学概念，在那时还是新发现的高深学问呢!

“大气压强”，是伽利略的学生托里拆利在1643年发现的，并且在一天当众演示了这个证实大气压强的实验。只见托里拆利取过一只注满水银的小碗，然后又拿出一根1米长，一头开口，外壁有刻度的细玻璃管。在玻璃管里也注满水银，用拇指把开口按住。然后一下子把玻璃管倒过来，连手一起浸入碗中，再放开拇指。这时，细管中的水银柱慢慢低落下来，当液面落到标着76厘米的刻度处就停住不动了。托里拆利指着玻璃管顶头的那一段说：“请注意，这段玻璃管里是真空，连空气也没有。至于水银为什么落到这里就停住了呢？那是由于空气的压强，正好把水银托到这个高度。水银的比重是13.6克/厘米^3，那么13.6×0.076=1.0336(千克/厘米^2)就是空气压强的大小。”

这个实验，后来取名为托里拆利实验，那段玻璃管中的真空，就叫“托里拆利真空”，那种玻璃管也干脆叫“托里拆利管”。

托里拆利实验是一个非常重要的发现。这一发现，使托里拆利替他的老师伽利略解决了一个悬而未决的难题。原来，在四年前的1640年，意大利佛罗伦萨城的大公爵在自家的花园里修了一个喷水池，为了让它喷水，又配备了一台强力抽水机，打算用它来抽出10米深井里的水。所有的准备工作都做好了，可是令人大失所望的是抽水机抽不出一滴水来，喷水池当然也就徒有虚名了。无论技师们怎么一遍又一遍地检查，都查不出一点毛病。一筹莫展之际，只得去请教大科学家伽利略。这时的伽利略已经76岁了，老态龙钟，耳聋目盲。躺在躺椅上听人们叙说这件怪事，然后沉思片刻，说道："井太深了，抽水机里的水来不及抽上来就因为自身的重量落下去了……"

对伽利略的这番解释，人们似懂非懂。这以后不久，伽利略就去世了，没有人再记着这件事和这位科学老人的这番话。只有他的学生托里拆利仍在私下里根据伽利略的提示，孜孜不倦地进行着研究。他想：如果井深超过10米，水抽不出来，那么井深小于10米，水是不是就能抽出来了呢？托里拆利左思右想，觉得只有一个解释，那就是水面上的大气存在着压力。为了证明自己的猜想，托里拆利终于想出了这样一个实验。

托里拆利发现大气压强的消息渐渐传开，法国马德堡的市长奥托格里克是个科学迷。他想了很久终于想出了可以用来证明大气压强的马德堡半球实验。要算出每个半球表面所承受的大气压强是很容易的，大气压强大约是1千克/米^2，而一个直径20厘米的半球表面积是1256米^2，那么，每个半球表面承受的力就有1256千克，所以在实验之前，他就告诉皇帝，即使五六匹马来拉也未必能拉开。

"大气压强"是物理学中的一项重要发现，把"大气压强"和托里拆利的名字联系在一起，自然是对这位科学家最好的纪念了。

哈雷彗星的发现

这是1758年的12月25日，圣诞之夜，正当人们沉浸在节日的欢乐中时，在德国德累斯顿市郊外的一幢房子里，却有一个名叫帕里兹的业余天文爱好者，把一架2.4米焦距的天文望远镜对着漆黑的苍穹，目不转睛地在繁星间一遍又一遍地搜索着。这样大约三四个小时工夫，他终于看到了他盼望见到的奇观：一个硕大的星体，不时变幻着光彩，拖着一条长长的大尾巴，像是一列准点到达的列车，按着他预知的路线，风驰电掣般出现在他的望远镜里。

他抑制不住内心的激动，跳起来欢呼道："哈雷，我看见它了，照您的指点，我看见它了！"

其实，等着看这颗神奇星体的不光是业余天文爱好者帕里兹。早在大半年前，就有许多天文学家守在天文望远镜前等着一睹它的"芳容"了。而到了12月，全世界的天文台都处于高度的紧张之中。从月初起，他们就纷纷把天文望远镜伸向天空，迎候着这位未名的天外之客的光临。其中最有耐心的要数法国著名的天文学家梅西耶了，他从1758年元旦起就守在天文望远镜前翘首以待了，这样足足等了一年又21天，才在1759年1月21日如愿以偿，成为第一个"按时"等到这颗星体的专业天文学家。

那么，这颗神秘的星体究竟是什么呢？人们为什么会有如此浓厚的兴趣守候着它的光临呢？而且又是谁向人们预告了它将要出现的消息呢？要解答这一连串的问题，都得从哈雷说起。

哈雷是17世纪后半期名垂青史的伟大天文学家，1656年11月8日生于英国伦敦的一个富商之家。哈雷尽管不是早慧的神童、天才，却凭着刻苦学习的韧劲，读书时学习成绩一直名列前茅。1673年，年方十七的哈雷考入牛津大学学习，在这所当时世界上第一流的高等学府里，他学到了许多数学和天文学的知识，并且醉心于天文研究。在读大学二年级时，就撰写论文指出著名天文学家开普勒的错误。1676年，在他升入大学四年级时，他的父亲病故了。哈雷获得了一笔为数不小的遗产。那时，他听说截至当时为止，所有的天文研究机构都建立在北半球，还从未有人在地球的南半球上观察过星星。对天文学的痴迷，使年轻的哈雷下定决心，弃学去南半球建立一所天文研究机构，使自己成为填补这一空白的第一人。就这样，他怀着丧父的悲痛，带着两个年轻助手来到南纬16°的大西洋圣赫勒纳岛上。圣赫勒纳岛距英国本土11000多千米，乘当时最先进的多帆商船要花100多天时间。他们一路辛劳，登陆后便忙着勘测、选址，终于在1677年1月建成了人类有史以来南半球的第一个天文台，开始了艰苦的南天观测。

功夫不负有心人。哈雷不久就出了成果，提出了著名的"恒星不恒"的理论。原来，按照古希腊人的认识，恒星的取名，就说明它们是些"固定不动的星星"，连后来的大天文学家如哥白尼、开普勒、伽利略等也都是这样认为的。但哈雷把自己测编的《南天星表》与从前的星图相比较，发现天狼星、大角星和毕宿五这三颗很亮的恒星的位置，既与古希腊天文学家测量的结果相去甚远，也跟近时代第谷的星图不相吻合。哈雷反复对照，苦思冥想，认为这一现象只有用"恒星不恒"才能解释，对于恒星是恒定不动的认识，完全是因为它们实在离我们过于遥远，以至于在短时期内人们觉察不出它们的运动，因此产生这样的误解。哈雷的这一理论，在天文学上开创了对恒星运动的研究，是天文学的一大突破。

在观察中，哈雷还发现由于金星在地球轨道内运行，所以它

总有机会跑到太阳和地球中间的位置上。这时，人们就可以通过天文望远镜看到金星从日面上缓缓经过的现象。这就是天文学上所谓的“金星凌日”。“金星凌日”的现象每隔8年和235年交替发生2次。哈雷提出，可以利用“金星凌日”的机会，在地球的不同地点进行观测，根据得出的数据推算地球与太阳之间的距离。可惜哈雷在提出这一设想后没能等到下一次“金星凌日”的来临就与世长辞了，但后人运用哈雷的方法，算出了太阳和地球之间相距14950万千米。直到今天，这个数据还没有被新的测算结果代替。

那是1682年的一天夜晚，哈雷正聚精会神地在观察星空，突然见天空中出现了一个怪物：它披头散发，拖着一条摇曳不定的闪着光亮的“尾巴”，扫帚似的横空掠过，一下子神秘地消失在宇宙深处。哈雷知道这就是彗星。

彗星，中国人俗称“扫帚星”。它的出现，被视为一种不祥之兆。在欧洲和世界上别的地方，人们也用惊恐的目光来看待这个昙花一现的怪物，因为人们同样把它看作是灾难降临的先兆。所以，从很早很早起，人们就把出现彗星的时间记录下来。中国是第一个记录彗星出现的国家，最早的记载是公元前611年。在600多年后的公元66年，欧洲的法国才记载了那年出现在中东耶路撒冷的彗星。

刚刚消逝的彗星给哈雷留下了难以磨灭的印象。他无法用眼睛去追踪观察那颗稍纵即逝的星体，就运用大脑进行思索，在思索中探寻它的奥秘。他从1337~1698年这300多年间浩如烟海的天文资料中去寻觅彗星的踪迹，编出了一张古代彗星记录表。这张表上共有24颗彗星，哈雷先把它们的运行轨道一一计算出来，然后反复进行比较，结果他发现不久前消逝的那颗彗星，与1531年和1607年出现的两颗彗星的运动轨道竟是如出一辙。哈雷心里一亮，他问自己：这三颗彗星会不会是三次出现的同一颗彗星呢？为了证实自己的观点，他又扎进有关彗星的资料堆里，一丝不苟地埋头计算着，计算着……

终于，他确认自己的推断结果是完全正确的。1720年，64岁的哈雷出任格林尼治天文台台长，成为皇家天文学家。这时，他才将自己的发现公布于世："人们于1682年观测到的那颗大彗星，实际上就是1607年出现的彗星的又一次回归。"他并且预言："这颗彗星将于1758年底或1759年初重新出现在人们眼前。"

可惜，哈雷在1742年因积劳成疾不幸离开了人间，终年82岁。他没有能够亲眼看见自己预言的实现。可是，全世界有许许多多的天文学家都对哈雷的预言十分重视，所以，在预言的时间到来时，他们纷纷架起望远镜，瞩目星空，翘首迎接这颗彗星的再一次回归。

1758年12月25日，就在哈雷离开人世16年后，这颗彗星果然如期而至，而家住德国德累斯顿市的名不见经传的业余天文爱好者居然幸运地成为第一个发现它的人，难怪他要如此欣喜若狂了。哈雷的预言被完全证实了，人们为了纪念他，把这颗彗星命名为"哈雷彗星"。

哈雷预言的证实，证明彗星也同别的行星一样，受万有引力定律的支配而绕太阳运行。自从哈雷提出他那著名的预言以来的二百四五十年中，哈雷彗星已经循规蹈矩地如期"回归"过四次，先后于1758年、1835年、1910年和1986年出现在地球上空。

根据哈雷预言的彗星出现规律，天文学家计算出1910年5月18日哈雷彗星恰好在太阳与地球间穿过，那时它与地球的距离是2400万千米，而它的尾巴长达2亿千米以上，这样显然在这一天的某一个瞬间，它的尾巴要扫过地球。人们想象，这情景将会像一头巨鲸的尾巴扫过一只海龟蛋一样，可怜的地球不是被击得"粉身碎骨"，也一定会被扫进万劫不复的深渊。还有人说，彗星中含有一种叫氰的剧毒气体，彗星的尾巴扫过地球时，即使没有损伤地球，可是它带的氰也会毒化大气，人类将集体被毒死。一

时间，人心惶惶，许多人不知所措，有的自杀，有的变卖家产尽情挥霍，而更多的人只好坐以待毙。可是，当这一天来临时，人们发现地球在彗星的尾巴里穿行了几小时，结果一切都安然无恙。

后来，随着科技的发展，人们对彗星有了更多的认识。原来，彗星的结构非常奇特，它由彗头和彗尾两部分组成。彗头又可分为彗核和彗发。彗核的组成成分是二氧化碳、氨、甲烷、氮等凝成的干冰，当它接近太阳时，阳光使边缘的冰块气化发光，形成一个发光的晕，叫作彗发。彗头中的气体和尘埃被太阳光压推向相反的方向，便形成总是背向太阳的长长的彗尾，彗尾的质量非常小，小到几乎与真空不相上下，所以即使扫到地球，也如同轻风拂面一般。就是彗核也不过几吨重而已，要是撞上地球，也不过像皮球打到大楼墙上。所以，把彗星与地球的“接触”看作是“世界末日”真如“杞人忧天”一般可笑。

1986年2月9日，哈雷彗星又一次回归，科学家们已经用最先进的仪器对它进行探测，并抓捕到一些彗核物质进行研究。彗星——这个庞大而空虚的星体的奥秘正在被人类一步一步地揭开，而哈雷是揭开它的奥秘的“第一把钥匙”，是彗星研究的奠基人。

站在巨人的肩膀上

牛顿，这个流芳千古的名字是近代科学的象征。现在，让我们追寻历史的足迹，去浏览一下这位伟人为人类建筑的科学大厦。

1642年圣诞节的早晨，在英国北部偏僻的伍耳索浦村的一户农民家里，有个早产儿呱呱坠地了。说来也巧，这一年正是物理学大师伽利略去世的一年。这个婴儿的父亲在他未出娘胎时就去世了，为了纪念孩子的亡父，母亲就用他父亲的名字——伊萨克·牛顿，来称呼他。小牛顿未满2岁，母亲迫于生计，改嫁给一个牧师，就把牛顿留给舅舅和外祖母来抚养。上学后，这个苦命的孩子，天资并不聪明，加上胆子小，所以成绩平平。每当老师数落那些功课不好的学生时，总有他的份。不过小牛顿却有他手巧的特长，他自己喜欢动手做各种各样的玩意儿，从简单的风筝、风车、日晷、漏壶，一直到一些复杂的小机械。他的精巧的作品，常常博得邻居和同学的称赞。

牛顿读完小学，升入中学，刚读了一年，继父又死了。母亲只能让牛顿辍学，回村里去种田。但这时的牛顿已经是一个有志向的大孩子了，他对于科学的痴迷，终于打动了母亲，一家人省吃俭用，供他上完了中学。1661年6月，牛顿以“减费生”的身份考进了剑桥大学。牛顿的学习基础不够好，数学成绩更是跟同学们差了一大截。可是他一点也不气馁，凭着勤奋刻苦的学习精神，奋起直追，三年不到居然名列全班第一。这时，学校里新来了一位名叫巴罗的教授。真是“伯乐识才”，他一下子就喜欢上了这个勤奋好学的年轻人，悉心辅导牛顿攻读欧几里得、开普勒和伽利略等人的著作，这使晚熟的牛顿茅塞顿开，学业突飞猛进。牛顿经常提出一些自然科学和数学方面的问题向他请教，让巴罗教授又惊又喜，他常向别的老师夸牛顿是个可造之材。谁知好景不长，正当牛顿像海绵吸水一样地学习各种知识，并且越来越受到教授们的赏识时，英国发生了一场席卷全国的大瘟疫，光是1665年夏天，伦敦就死了3万人。为了逃避这场可怕的灾难，学校决定停课两年。牛顿挥泪告别了恩师，卷起铺盖回到了老家伍耳索浦村。

这时的牛顿已经是个青年学者了，脑子里装满了天文学、数学和物理学的知识以及他在大学学习时种种悬而未解的疑难问题。

回到乡间，牛顿不是闭门读书，就是在田野、林间苦思冥想。第一年，他为自己定下的目标是，梳理大学学习时遇到的种种疑难，重点还是探索物体运动的原因。在当时，人们仍然沿用古希腊学者的学说来解释物体的运动。古希腊学者把运动分作三类：即地面上的物体运动、落体运动和星体运动。亚里士多德对这三类运动的原因是这样解释的：他说，力是地面上的物体运动的原因；地球是宇宙的中心。所以物体落向地球，这是落体运动的原因；星体由于它们的特殊本性，使它们保持永恒的运动。对于亚里士多德的前两种解释，牛顿知道，伽利略已经做出了否定的结论，那么，亚里士多德对星体运动的解释是不是有道理呢？开普勒已经揭示了行星运行的规律，那么它们为什么要这样运转呢？这是不是亚里士多德说的“特殊本性”呢？对于这些当时谁也无法回答的问题，早在念大学时，牛顿就曾翻遍了图书馆里的天文学图书，他看到的只是一些近乎幻想的说法。例如，开普勒认为星体之间存在着引力，“月球被地球牵引着；相反，月球也吸引着地球上的海水。从太阳那里，有一只肉眼看不见的巨大的手，伸向行星，拉着这些行星跟太阳一起旋转。”

天体运行难道真是引力的作用吗？如果真是这样，那么引力又是什么呢？

一天晚餐过后，牛顿同往常一样去花园散步。花园里月光如水，落叶满地，他在树下踱着步子。突然，“吧嗒”一声，有个东西跌落在他的脚边。他吃了一惊，蹲下一看，原来是个熟透的苹果被风吹落在地上。牛顿抬起头来，只见夜幕上明月高悬，他不觉寻思起来：苹果熟了会落到地上，它为什么不往天上掉呢？那么天上的月亮为什么又不往地上掉,反而绕着地球转,也不飞走呢?难道这都是地球有一股吸引它们的力吗?

想到这里,牛顿赶紧回到自己的书房,闭门思索起来。一连三天,牛顿没有出门。他把在巴罗老师那里学来的知识都调动起来,又翻出伽利略、开普勒的著作,陷入深思和联想之中。他想:一个人站在山崖上,把一块石头轻轻放开,石头就会照直落到地上;如果把石头抛向远处,石头就会向前“飞”一段再画一个圆弧落到地上;如果他用的力更大,石头就会落得更远;如果有足够大的力量,石头就会不再落到地面上,而围绕地球旋转起来;假如地球没有引力,石头就会朝抛出的方向一直向前飞去。按照这个道理,月球以一定的距离绕地球转动,不就证明了月球总是在向地球下落的缘故吗?这就好比是一个孩子拿着一头拴着石子的绳子甩动着,让小石子在空中转圈一样。地球就是孩子牵着绳子的手,月亮就是小石子,地球对月球的引力就相当于那根绳子了。月球沿轨道绕地球旋转,使它避免落向地球;而地球对月球的引力,使它不能离地球远去,只能永远绕着地球转下去。接着,他又进一步推想:各个行星之所以围绕着太阳旋转,也一定是太阳对它们的吸引力作用的缘故。现在,只要证明地球对月球的吸引力确实就是月亮绕地球运行所需的向心力,那么各种星球间都有相互吸引力的结论就是正确的了。

牛顿觉得要得出这样的证明,凭观察是做不到的,而是要在已知材料的基础上,靠数学推导来攻克这样的难题。牛顿立即进行计算,通过严密的数学论证,证实了维持月球绕地球运转的力不是别的,正是地球对月球的吸引力,太阳对地球以及别的行星都存在着这种相互吸引的作用力。牛顿把这种相互吸引的力取名为“万有引力”。由此,他认为古希腊人说的三类运动,实际上受同一规律支配着,天地万物的运动用这一定律就可以概括起

来。牛顿找到了表现这一定律的数学公式，即：两个物体间万有引力的大小，和这两个物体质量的乘积成正比，和它们间的距离的平方成反比。就这样，牛顿完成了人类认识自然历史上第一次的理论飞跃，把大千世界中万物的运动，用一个理论来加以解释。

牛顿完成了他关于万有引力的论文后，并没有把自己的重大发现发表出来，一则他生性没有强烈的发表欲；二则他生怕论文发表后会引起广泛而又旷日持久的争论——这会耗费他宝贵的精力；三则是因为他谦虚。他觉得像他这样一个二十出头的青年学子，退居乡下，因为看到苹果落地，竟幸运地揭示了宇宙万物运动的奥秘，并不是自己比伽利略、开普勒、笛卡儿等科学巨人有更非凡的才能，而是因为他是站在这些巨人的肩膀上，所以才显得更高。和这些科学巨人相比，牛顿觉得自己只是一个毛头小孩而已。因而他把论文锁在箱子里，直到22年后，在天文学家哈雷的催促下，他才把当年的论文整理后写成《自然哲学的数学原理》这部科学史上“最伟大的杰作”。这部汇集牛顿力学研究成果的巨著，是一座经典力学的宗庙，牛顿力学则是这座宗庙中的主神。一直到20世纪爱因斯坦创立相对论时，它都始终被人们虔诚地尊奉着，没有人能够对它作任何本质性的补充和修正。

在《自然哲学的数学原理》一书中，牛顿系统地阐述了四条力学定律。第一定律是惯性定律，第二定律是落体定律。这两条定律分别是伽利略惯性定律和落体定律的推广、延伸。第三定律是作用与反作用力定律，第四定律是万有引力定律。这两条定律则是开普勒引力思想的发展。特别是他的万有引力定律不仅成功地解释了开普勒定律，科学地表述了太阳系行星、卫星、彗星的运动理论，解释了潮汐现象等一系列长期困扰人们的难题，而且运用牛顿的天体力学理论可以准确预见行星的运动。1846年，海王星的发现，就是根据牛顿力学的计算结果找到的。

一只落地的苹果,居然让牛顿带领人类进入了一个科学的新世纪,难怪这株在牛顿老家的苹果树要被当作英国国宝而精心保护起来了。1820年,这棵树终于寿终正寝。它被分成几段,分别由英国皇家学会、牛顿故居等处保存起来,让参观的人们睹物生情,缅怀牛顿的不朽功绩。

“穷夫妻吵架”

1764年,英国约克夏西部的一座小镇上住着一对夫妻,男的叫哈格里沃斯,女的叫珍妮。那时,约克夏西部是一个毛纺织工业区,在这里的人家都以纺织为生,哈格里沃斯夫妇当然也不例外。可是这一带人人都干这活,所以货多价贱,纺出的线,织出的布换不来几个钱。夫妻俩整天摇着纺车,累得腰酸背痛还是吃不饱肚子。哈格里沃斯有一手好木工活,于是在织完布后再背上木工家具外出去干活挣钱。有一段时间,正是原料的淡季,家里的活只够珍妮一人干的,哈格里沃斯每天都早早离家去揽木工活干。一天,哈格里沃斯离家后不到两个钟头便回家了,珍妮见他一脸沮丧,知道又没揽到活,便不敢多问,只顾埋头干活。这时已近晌午,哈格里沃斯一大早出门时只吃了片薄薄的面包,现在早已饥肠辘辘了,加上空跑了一上午也没挣到一文钱,早憋了一肚子窝囊气。见妻子一个劲地摇着纺车轮,便没好气地喊道:“珍妮,你这样摇法,就是把我的肠子一起纺成线,也填不饱一家人的肚子呀!”

珍妮是个贤惠的妻子,知道丈夫在火头上,便仍然一声不吭地摇着纺车轮,忍着一肚子怨气不跟丈夫斗嘴。哈格里沃斯见妻

子不答理他，反而更来气了，提着斧子呼地一下子站起来吼道："我看你越摇越穷，还不如一斧子劈了这破纺车。"

珍妮一听，急了!她知道丈夫的脾气，在火头上他说得出做得到，要真劈了纺车，那一家人可真的要喝西北风了，忙上去抱住丈夫的胳臂，不让他乱来。哈格里沃斯的胳臂被妻子死命地抱住了，举不起斧子，浑身的气憋得无处发泄，便就飞起一脚踢翻了那辆纺车。珍妮见丈夫踢了纺车，便一屁股坐在地上，伤心地哭开了。

这样过了好半天，珍妮觉得奇怪，因为丈夫并没有来搀扶她，而是一声不吭，一动不动地站在那里，像中了邪似的。

原来哈格里沃斯看呆了，那辆被他踢倒的纺车正仰面朝天，原来半躺着的纱锭现在竖立起来了，还被车轮的惯性带动着在快速地旋转呢。

哈格里沃斯是个聪明人，倒在地上仍在旋转的纺车竟然触动了他的灵感，他想：就照这样子把纺车改造一下，让纱锭立起来，一架纺车上就可以并排竖放几个纱锭，工效不就可以大大提高了吗?

他把自己的想法告诉了珍妮，珍妮立刻破涕为笑。

哈格里沃斯本来就有一手好功夫，正愁没处使呢!现在有了好主意，他说干就干，要制作这样一辆纺车，对他来说并不是难事。他先做了一个大木框，上面横列了八个纱锭，边上装个木轮，一试，果然以一当八。哈格里沃斯高兴异常，他用妻子的名字来命名这辆纺车。1770年，他以"珍妮纺车"的名字申请了专利。1790年，"珍妮纺车"在英国各地推广开了。正如恩格斯说的，"使英国工人的状况发生根本变化的第一个发明是珍妮纺车"。

后来人们不断地改进珍妮纺车。1768年，一个叫阿克赖特的理发师，盗用了他的一个叫海斯的朋友的成果，"发明"了水力纺

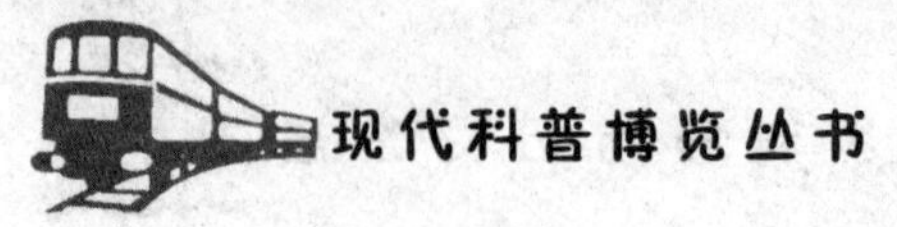

纱机。水力纺机又几经改进,越来越如人意了。由于有水力作动力,就可以建成几千个纱锭的纺织厂。那个理发师居然成了世界上最早的工厂主——阿克赖特纺织厂的老板。他手下有400多个工人。用恩格斯的话来说,“工厂时代”的到来,使人类进入了“生产真正的狂飙时期”,电就带来了人类历史上具有划时代意义的工业革命。追根寻源,这居然要归功于一场夫妻吵架,所以这场夫妻吵架可真是了不起。

“大力神”——瓦特

上文说了珍妮纺车,那就不得不再说一说蒸汽机。因为它们像是一双孪生兄弟,共同改变了人类的命运和世界的面貌。

大家知道,蒸汽机的发明者是英国人瓦特,为纪念他,电的功率单位就以瓦特命名。其实,在瓦特之前就有了蒸汽机,而对“蒸汽的力量”的研究,更可以上溯到古希腊时代。不过,从法律上说蒸气机的发明者是英国军官赛维利,他在1698年登记了专利。可惜他的发明只是纸上谈兵,虽然在理论上是成熟的,但在技术上却问题成堆,所以他的试验屡遭失败。比赛维利稍前,有个名叫巴本的法国人就制成了第一台原始的蒸汽机。这是一个装有活塞的圆筒,当圆筒里的水被烧开后,蒸气就把活塞推上去,等活塞推到顶部就熄火,筒里的蒸气冷却下来,由于大气压力的作用,便把活塞压下来。这样的过程周而复始,活塞上上下下,再配上一些机械便可代替人力或畜力来抽取深井水了。那时欧洲不少国家采矿业发展很快,矿井挖得很深,地下水涌出来,井里就要积水,只得靠人力和畜力把积水提上来,既费时又耗力,蒸汽机最初是为解决这个问题而发明的。可惜的是,这台蒸汽机实在太“原

始”了，只要想一想这样的蒸汽机一会儿生火、一会熄火，提一桶水要等老半天，说实在的，比人力和畜力强不了多少，所以没有什么实用的价值。

“失败是成功之母”，这时有个名叫纽可门的苏格兰人却将赛维利和巴本两人的成果取长补短，研制成一种水泵用的蒸汽机。它的工作原理是：蒸气由锅炉进入汽缸，推动活塞向上，经过摇杆把水泵活塞压下去。关闭阀门后，汽缸内蒸气冷却，产生真空，大气压把活塞压下，水泵把水提起来。纽可门成功的关键是他解决了汽缸冷却慢的难题，使机器的工作速度每分钟提高到10次，具备了实用价值。1711年，纽可门用这项发明建立了企业公司，专门从事这种蒸汽机的生产。尽管纽可门的蒸汽机经过不断改进，又被推广到众多的矿井使用，但是它有一个致命伤，就是煤耗太大，效率很低，用作矿井水泵还勉强可行，但还不能当动力机器使用。

在科学史上，一项重大的发明，常常不是一个人，甚至不是一代人所能完成的。在纽可门和瓦特之间，出了个英国人斯密顿，在1769-1772年这三四年间，他对当时各种马力的蒸汽机做了各种各样的实验，先后写了130多个报告，还整理出一套计算公式。尽管他没有独创性的发明，却为瓦特的成功奠定了基础。

1757年，21岁的瓦特，被聘为格拉斯哥大学的仪器修理工。瓦特聪明好学，又在这样一个大学的环境里，常抽空去听教授讲课，又整天摆弄各种仪器、机械。1764年初，格拉斯哥大学收到一台纽可门蒸汽机，要求修理。任务交给了瓦特，这对他来说当然不在话下，很快便完成了任务。不过当瓦特看着修好后的蒸汽机运作起来竟如老牛耕地一般的吃力时，顿时产生了要对蒸汽机做脱胎换骨改造的宏愿。

瓦特是个有倔劲的男子汉，主意一定，他便租了个地窖当工场，卷起铺盖住了进去，没日没夜地一头扎进了蒸汽机的研制中。经过仔细琢磨，瓦特发现纽可门的蒸汽机的毛病主要在缸体随蒸气不断地冷了又热，热了又冷，白白耗费了许多热能。如果把冷却、加热两个任务，分别由两个容器来承当，让做功的汽缸始终保持高热状态，让负责冷却的冷凝器始终是冷的，产生真空。这样，不就是大大降低热耗，提高效率了吗？

可是，找出了问题，不等于解决了问题。瓦特整日苦思冥想，也不知做了多少次实验，转眼间两年过去了，仍然没有找到解决问题的办法。真应了“苦修必有果，功到自然成”这句古话。一天夜里瓦特又准备在他的地下实验室里熬夜，他烧了一壶水，那是准备泡茶用的，接着又翻开斯密顿的实验报告和他自己写的资料，打起精神，细细研读起来。突然，壶里的水突突地开了，壶盖被蒸气推动着，发出“匡哒、匡哒”的响声，瓦特看看还冒着热气的茶壶，又看看桌子上的茶杯。突然冒出一个念头：“要茶水凉，就得把开水倒进杯子里；要蒸气变冷，为什么不把它从汽缸里‘倒’出来呢？”想到这里，瓦特立刻动手进行模型实验，他设计了一个和汽缸分开的冷凝器，按照斯密顿的计算公式，他算出热效率可以提高3倍，耗煤量可以节约1/4。

瓦特虽然完成了通用蒸汽机的模型，但要把它变成，真正的机器，谈何容易？除了技术、材料等方面的问题，还有个资金问题。真是“山重水复疑无路，柳暗花明又一村。”正在瓦特为筹集资金而愁眉不展的时候，他认识了企业家布尔顿，并跟布尔顿共同建立了布尔顿-瓦特商会，总算解决了资金问题。

蒸汽机研制的重要条件是机械加工技术，特别是圆筒汽缸的精密度是个关键。当时这项技术很落后，造出的汽缸内壁不光滑、漏气，大大影响了蒸汽机的效率。格拉斯哥大学的布莱克教授介绍他认识了发明镗床的威尔金。他用镗火炮筒子的方法为瓦特镗制了汽缸和活塞，解决了精度和漏气问题。资金上有布尔顿鼎力资助，技术上有威尔金辅佐，瓦特很快便在1774年制成了

第一台新型蒸汽机。这以后，瓦特精益求精，对蒸汽机不断进行改进。到1784年，他的蒸汽机已经装上曲轴、飞轮、活塞，可以靠从两边进来的蒸汽连续推动，再不用靠人力去调节活门，这才是世界上第一台真正的蒸气机。你若要了解它是如何把往复运动变成圆周运动的奥秘，不妨去观察一下蒸汽火车头轮子的转动情况。直到现在，蒸汽火车头轮子的构造，仍然保留着瓦特蒸汽机的原貌。“一个好汉三个帮”，瓦特在朋友们的帮助下，完成了他的划时代的发明后，一直到他83岁高龄去世为止，毕生都在研制和改进蒸汽机。

要说蒸汽机的功绩，实在无与伦比。瓦特在取得专利后，很快便把蒸汽发动机应用到纺织业中去，后来终于出现了蒸汽织布机。这样，一个由机器代替手工的时代从纺织工业开始了。瓦特的蒸汽机点燃了工业革命的导火索，所以马克思说，蒸汽机的发明，在很短的时间内，改变了整个世界的面貌。不是吗？1807年，美国的富尔顿把蒸汽机装到船上，发明了轮船；1814年，英国的司蒂芬逊把蒸汽机装在车上，发明了火车。有了蒸汽机这样新型的动力装置，机械工业也迅猛地发展起来了。1817年，英国罗伯特发明了刨床，摩兹利发明了车床……蒸汽机不仅改变了整个工业的面貌，还由于工业的兴起而推动着城市的形成和发展。由于蒸汽机的丰功伟绩，以至于人们把19世纪称为“蒸汽时代”。

在科学理论的发展史上，蒸汽机同样功高如山，蒸汽机的发明主要靠的是经验和实践。但蒸汽机产生后，推动了理论研究，产生了热力学，而在热力学理论的研究中，人们又萌发了内燃机的设想，终于发明出效能更高的动力机器——内燃机。事实证明了科技是生产力。在科学和生产之间存在着这样一种循环规律，这就是生产→技术→科学→新科学→技术→生产。科学技术的发展就这样推动着人类社会的进步，创造出灿烂的文明。

质量守恒定律的发现

17世纪到18世纪上半叶，工业发展起来了，火的应用简直无所不在，这使许多国家的化学家开始认真研究物质燃烧，因为他们迫切要求弄明白燃烧的本质。

就在这种形势下，有人提出了“燃素说”，成为当时一度被视为不可推翻的经典。“燃素说”认为：燃素是存在于物质中的一种没有重量的可燃因素，一旦燃烧，它便散布于空中，燃素能给人以温暖。动、植物有了燃素便生机盎然，失去燃素就奄奄一息。燃烧的物体中燃素愈多，燃烧就愈旺。甚至化学变化的过程，说到底也是吸收和放出燃素的过程。

用“燃素说”来解释木柴的燃烧倒也显得顺理成章，可是用它来解释金属的燃烧就出现问题了。因为有些金属烧过后，重量反而增加了，这是“燃素说”所不能解释的。所以，有些离经叛道的人开始对这一权威学说产生了怀疑。在这些人中，有个后来被尊为“俄国科学之父”的年轻人，他的名字叫罗蒙诺索夫。当时，他正在德国留学。

有一天，在台上讲课的沃尔夫教授正要开讲燃烧的本质。教授是坚信“燃素说”的，自然把那“燃素说”说得完美无缺。学生们个个听得入神，啧啧称是，还不时在笔记本上记下沃尔夫教授的话。只有罗蒙诺索夫低头沉思，过了一会儿，他瞅准沃尔夫教授讲课停顿的机会，举起手来要求发言。“沃尔夫教授，”在征得老师同意后，他站起来说，“我觉得“燃素说”并不能揭示燃烧的本质。”沃尔夫教授被这突如其来的发言弄得有点不知所措，他不免有些恼火，只是由于绅士的修养，使得他没有当堂向这个学生发火。

他只是用揶揄的口吻说:“既然如此,你一定有一种新的学说能完美地揭示燃烧的本质了?”听了老师的话,所有的同学都把目光投向罗蒙诺索夫。罗蒙诺索夫涨红脸,嗫嚅着说:“不,目前还没有。”话音刚落,引得同学们满堂哄笑。可以想象,当时罗蒙诺索夫的处境是多么尴尬,可是他暗下决心,总有一天我会提出一种学说来揭示燃烧的本质的。

1741年6月,罗蒙诺索夫学成回国后便着手建立起俄国第一个化学实验室。他念念不忘留学时许下的愿,埋头做起关于燃烧的实验来了。

他取来一块金属,把它放进一个玻璃瓶,再把瓶口焊死,然后连瓶子一起称好重量。在加热到瓶子里的金属变成熔渣时,不打开瓶盖,等冷却后,再连同瓶子一起称重量。结果发现,燃烧前后的重量是一样的。他用其他金属重复同样的实验,结果都是一样。罗蒙诺索夫的实验推翻“燃素说”,也证明并没有英国化学家波义耳在“燃素说”的基础上,提出的存在一种叫“火质”的物质。大概是因为当时的俄国各方面都还很落后的缘故,罗蒙诺索夫的这些实验不仅鲜为人知,并且也很少有人去深究这些实验的重大意义;在科学史上许多伟大的成果都是许多代人前仆后继取得的。大概在罗蒙诺索夫完成他的这些具有伟大意义的化学实验的30多年后,在法国有位年轻的名叫拉瓦锡的化学家还在重复着类似于当年罗蒙诺索夫做过的实验。

他在密闭的容器里煅烧金属,燃烧前后他都仔细地用天平称过重量,并没有一点变化,他再称金属灰的重量,是增加了,又称烧过后空气的重量,却减少了,而减少的空气和增加了的金属灰正好重量相等。于是拉瓦锡发现了罗蒙诺索夫也曾经发现了的化学上一条极重要的定律:重量(质量)守恒定律。物质既不能创生也不能消失,化学反应只不过是物质由这种形式转换成另一种形式。

自从拉瓦锡由燃烧金属发现“燃素说”的破绽后，他立即放下其他研究而专攻燃烧现象。

拉瓦锡有个名叫普里斯特利的英国朋友，也是位化学家，常来拉瓦锡的实验室做客。有一次，他又来拉瓦锡的实验室做客，见拉瓦锡正在忙乎着，便问：“拉瓦锡先生，你又在干什么呀？”

“老兄，”拉瓦锡指着桌上的实验器具说，“我把磷用软木飘在水面罩着燃烧，烧后水面就上升，占去了罩内空间的1/5。”他指着另一个器皿说，“你看这个罩内是烧硫磺的，水面也上升了1/5。这说明燃烧时总有1/5的空气参加了反应。”

“是的!”普里斯特利说，“我也发现空气中有1/5的气体有许多特殊的性质，蜡烛见着它会更亮更旺，而小老鼠没有它便会一命呜呼。”

“是吗？”听了普里斯特利的话，拉瓦锡顿时兴奋起来，“老兄，你的发现对我真是大有启发，看来空气并不是一种元素，起码由这占1/5的与另外的占4/5的两种元素组成。”

“照此说来，水也由两种元素组成的了。”普里斯特利握着拉瓦锡的手说，“因为我在水里也发现了这种占空气1/5的元素，它跟另一种不知名的空气(其实是氢气)在密闭的容器里加热，能生成水。”说着普里斯特利就动手做起了实验。他熟练地制成两种气体，混合到一个密封的容器里，开始加热，一会儿容器壁上果然出现了一层小水珠。拉瓦锡见了，欣喜若狂。他斟了一杯酒递给普里斯特利，又为自己斟了一杯。“干杯吧，老兄!”他举起酒杯说，“今天我们找到了燃烧的秘密，它便是存在于空气和水中的这种未知名的新元素。它能和非金属结合生成酸，又能使生命存活，我们就用希腊文中的‘酸’和‘活’两个字合起来，把它叫作‘氧’吧!”

不久，拉瓦锡写了一份《燃烧概论》的报告递交给巴黎科学院，在这份报告中，拉瓦锡提出了燃烧的氧化学理论，从而结束了统治化学界长达100年之久的“燃素说”的历史。从此，化学从“燃素说”中解放出来，迅速地发展起来。

拉瓦锡在化学上的成就是巨大的。1782~1787年，他曾根据化学组成编定化学名词，并形成用化学方程式说明化学反应过程的想法，产生定量化学分析的概论，完成了燃烧理论，发现质量守恒定律，为元素下定义。他在1789年完成的《化学纲要》一书，被认为是近代化学理论的奠基之作。他对近代化学的贡献可以与牛顿对近代物理学的贡献以及达尔文对生物学的贡献相提并论。

可惜这位天才的科学家在法国大革命时被推上了断头台。但是，拉瓦锡的事业并没有因此中断，著名的科学家福克林、福克雷，以及盖·吕萨克等都成为他的后继者，推进了化学的发展。

普救众生的“降魔天使”

天花，自古以来就是对人类危害最大的一种传染病，全世界凡是有人的地方恐怕没有不曾流行过天花的。那瘟神肆虐时，到处都是一派“千村薜荔人遗矢，万户萧疏鬼唱歌”的凄惨景象。自打有人类以来多少万年过去了，直到公元1979年10月26日，联合国的世界卫生组织终于宣布：曾经给人类带来巨大灾难的天花，已经在全世界范围内被消灭了。这真是一个人类值得喜庆的消息，而把这个福音带给人类的是一位名叫爱德华·琴纳的英国乡村医生。

让我们把时光回溯到183年前在琴纳医生诊所里发生的一幕

吧!那一天是5月17日,正是琴纳的生日。那天,他的诊所里挤满了人。他们不是来祝贺生日的宾客,也不是前来求诊的病人,他们是琴纳医生请来观看他的一项破天荒实验的群众。只见屋中央坐着个名叫杰米的男孩,他的边上站着个包着手的少女,大家都认得她是道尔顿牧场的挤奶工蒙丝。几天前,她在挤奶时碰着了牛身上的痘疮,手上因此生了个小脓疱。

实验开始了,琴纳医生取出一把消过毒的小刀,在杰米的左上臂轻轻地划了个"十"字形的口子。见小杰米咬住牙,一声不吭,琴纳医生情不自禁地弯下腰,吻了吻小杰米的头。然后,他熟练地从蒙丝手上的痘疮里挑出一点淡黄色的浆液,小心地涂在杰米左上臂那个"十"字的口子上。在场的人都屏息凝神,目睹了发生在三五分钟内的这一切。他们当时全没有意识到他们看到的是多么伟大的一幕!这是人类历史上第一次种牛痘的实验,因为有了这一次实验,才有了183年以后联合国世界卫生组织消灭天花的庄严宣告。

那么,琴纳医生是怎么想到要做这样一次实验的呢?原来,那一年他的家乡伯克利正流行天花。几乎家家都有人染上了这可怕的传染病,墓地里每天都会树起新的十字架,给亲人送葬的凄哀的哭声把琴纳的心都快撕碎了。

白天,琴纳医生忙着给乡亲们治病;一到晚上,他就辗转反侧睡不着觉,整夜地寻思着有什么办法可以安全可靠地预防天花。

在这以前,民间已经流传一种方法,可是这种方法非常危险。人们知道,得过天花的人,不会再次染病,因而推知,这些人身上一定有一种可以抵抗天花的东西,如果把这东西"种"到别人身上,那么那个被"种"的人不就可以预防天花了吗?于是,人们就把轻度天花病人脓疱的脓液直接"种"到健康人身上,让他先染上一次"小天花",这样他就再也不会得天花了,就可以逃避可能降

临的重天花的劫难。可这种方法实在不妙。首先,并不一定人人都会染上天花,既然这样先去人为地得一次“小天花”,不就显得有些得不偿失了吗?其次,这种方法很不安全,因为人们没有办法控制“小天花”小到什么程度,往往为防病而主动染病,原想以小病抵大病,结果病发作得厉害,跟不防病没什么区别,有些人照样送了命。所以,就愈来愈没有人去冒这个风险了。不过这种方法也有成功的例子,所以琴纳思索着,他觉得把带病的脓液看作是“种”,然后“种”到健康人身上去是个办法,问题是要找到一种安全的“种”,这种安全的种在哪里呢?

这个问题搅得琴纳夜夜不得好睡。这天夜里,翻来覆去睡不着的琴纳,终于在天快亮时进入了梦乡。他梦见自己找到了这种安全的“种”,高兴得欣喜若狂。正在这时,“砰,砰……”一阵急促的敲门声惊破了也的好梦。原来,是邻居潘金斯太太出门打工的丈夫染了天花回家了。琴纳赶去一看,只见他身上的脓疱已经溃烂了。为了防止传染,琴纳让潘金斯太太赶紧去找个得过天花的人来护理。可是这潘金斯太太是个泼妇,平时把邻居们都得罪尽下。所以到有困难要人相助时,她也自觉张不出口。于是她找来了她的在道尔顿牧场当挤奶工的表妹安娜。琴纳见安娜光滑细嫩的脸上毫无疤痕,一见就知道她没有生过天花,就连连摇头。可是安娜却说:“我已经护理过好几个天花病人了;从来也没事。我们挤奶女工凡是得过牛痘的,都不会染上天花。”琴纳听了,将信将疑。一则,那时也别无他人,只得留下安娜来护理病人,二则,琴纳也有心要看看,安娜是不是真的有抗天花的能力。

在琴纳的悉心医治下,潘金斯总算死里逃生,当然难免落得一脸麻子。令琴纳惊奇的是安娜姑娘的脸庞居然娇艳如初,她居然丝毫没有染上天花!他信服了安娜的话。怀着一个医生的强烈责任感,琴纳走访了一个个牧场,他惊奇地发现,在挤奶人中,竟没有一个生过天花的。他又虚心地向牧工们请教,并且到牛栏里去观察。他终于弄明白了,原来几乎所有的奶牛都出过天花,但它们的天花很轻微,不过在皮肤上长出个小脓疱——牛痘而已。人要是接触了牛痘,也就染上了天花。跟牛的天花一样,这种天花非常轻微。因为生过天花了,他这一生就不会再生天花了。找到了挤奶工不出天花的原因,一个普救众生的念头在琴纳医生的头脑里形成了,他想让人们通过接种牛痘来预防天花。经过深思熟虑和充分准备,琴纳医生决定把自己的想法付诸实践,于是就有了发生在1796年5月17日的这一次给人类带来福音的实验。

现在,再让我们来看看实验以后所发生的事情吧。

话说给杰米接种牛痘以后,琴纳日夜照看他,仔细观察他的身体反应。琴纳深知实验的成败,事关重大,正因为如此,他才决定在公开的情况下进行实验,以便将来万一有什么意外,他可以承担责任。两天之后,杰米只是稍稍有些热度,“十”字口附近也发出了两颗小痘疮。三五天后孩子便退了烧,以后就一切如常了。琴纳如释重负,他为自己第一步的成功而庆幸。当然,更严峻的考验还在后面,因为最关键的是要证实杰米再也不会染上天花。于是在两个月以后,琴纳从一个重天花病人身上取来脓液,接种在杰米身上。这真是一项风险极大的试验,琴纳已经把自己的身家性命都豁出去了,要是杰米万一有个三长两短,那琴纳就难逃杀人之罪了。琴纳真是提着脑袋在进行这项试验啊!真是“功夫不负苦心人”,一个星期过去,杰米安然无恙。

人类历史上第一次接种牛痘预防天花的科学实验成功了!在这以后,琴纳又反复多次进行了同类实验,都同样获得了成功,因而确认接种牛痘预防天花的科学性。于是他在1798年发表了《接种牛痘的原因和效果》这篇专题论文。

人类一直把天花视为瘟神和魔鬼,那么琴纳这位战胜天花病

魔的白衣天使，不就是“普救众生的降魔天使”吗？不仅如此，琴纳的贡献还在于从此在医学中开创了免疫学这一新的领域，给更多的陷于病痛的人们带来了生的希望。

我们还得说一句，其实琴纳的发明还是靠咱们中国人的贡献呢!前面我们说过，琴纳是受了种“人痘”的启示才发明“牛痘”的，而“痘”就是中国人在明朝隆庆年间(1567~1572)发明的。以后经过不断实践，发现用经过接种多次的痘痂做疫苗，要安全得多。这完全符合现代制作疫苗的科学道理。

天花在中国古代叫作“痘”，预防天花的“人痘”法就叫“种痘”。我国发明的人痘接种法，很快就传播到世界各地。1717年，英国驻土耳其大使的夫人学得种痘法，从此传入英国。琴纳正是由于人痘接种法还不够安全，才发明了牛痘接种法的。有趣的是，在牛痘接种法发明六年以后，就传入中国，并且取代了人痘接种法。所以，我们说科学是不分国界的，科学发明与创造，是全人类共同的智慧结晶和财富。

伏打电池的发明

1786年的一天，意大利解剖学教授伽伐尼正在实验室里做解剖实验。只见他用解剖刀熟练地将一只用作实验的青蛙的腿部切开，再用刀尖一剔，剥出腿部的神经。就在这时，他发现蛙腿一阵阵痉挛，快速地一张一弛，抽搐个不停。伽伐尼觉得奇怪，又一连切开几只青蛙的腿部，每只都一伸一缩地抽搐着。伽伐尼停下手中的活，苦苦思索起来，是什么原因，使蛙腿这样抽搐的呢？

伽伐尼接连几天寝食不安，他苦苦思索的问题一直找不到满意的答案。他随手拿起一本书无心地翻阅着，突然有句话使他的眼睛一亮。“上帝如果给宇宙以灵魂，这灵魂是什么呢？是电。”德国哲学家谢林的这句话，真的触动了伽伐尼的灵感。“对!会不会是电呢?”他这样问自己。他想起在一本书上看到过的一篇介绍电鳗的文章，一个实验计划在他的心中形成了。

他将青蛙腿上的皮剥去，放在一块铜板和一块铁板之间，发现蛙腿上的肌肉与神经同样发生抽动。这跟那篇介绍电鳗电的文章所说的情况一样，伽伐尼因此断定，蛙腿也能放电。他用自己的名字来命名这种电，称为伽伐尼电，也称生物电。

伽伐尼发现生物电的消息传开后，人们为之震动，但是也有不少人提出种种怀疑。于是在1793年的一天，伽伐尼决定到英国皇家学会去表演他的新发现。

这是继富兰克林之后，人们在电的知识方面又一个爆炸性新闻，所以这天皇家学会实验的盛况，真可以用人山人海来形容。只见台上放着一张实验桌，为了使众多的参观者看得清楚，伽伐尼改进了自己的实验：他在实验桌上横着架起一根细细的铁梁，上面挂上一溜铜钩，将解剖后的青蛙一个个挂在铜钩上。只见那些青蛙的蛙腿一个个抽动起来，像是一群五音不全的乐盲在胡乱地踩着舞点起舞一般。看得在座的教授、学者个个瞠目结舌。实验完了，伽伐尼用凡动物身上都带电的道理把这一现象做了一番解释，人人听了都心服口服。实验完后，个个上前，向伽伐尼献上几句赞词。伽伐尼也满面春风，洋洋得意。

这时在观看的人群中有一个名叫伏打的意大利人，他目不转睛地看完实验后，一个人从边门退出了会场，匆匆往家里走去。他想，谁知那些青蛙是真死假死，有电无电，让我回家亲自试它一试。

这个叫伏打的年轻人，从小聪慧好学，尤其喜好钻研电学，从

24岁起就开始发表电学论文,32岁时又发现了电盘,更是名声大噪,被聘为教授。看了今天的实验后,他心中自有许多疑问。自这天起,他足不出户,闭门研究。几个月后,他向皇家学会送了一份报告,声称“蛙腿抽动”之谜已经被他揭开,而答案根本不是什么“生物电”。为了证明他的观点,他也要求公开在皇家学会做实验表演。

皇家学会同意了伏打的要求。这一天,自然又是人头攒动,前来观看的人把皇家学会的大厅挤得水泄不通。伏打照着上次伽伐尼的程序把青蛙一一解剖,然后又将钩子挂在架在实验桌的一道横梁上。这回,所有的人都清清楚楚地看到那些青蛙个个都纹丝不动,就像是泥捏的一般。

伏打见大家正不解其意,便放声解释说:“上次诸位在这里观看伽伐尼教授的实验表演,伽伐尼教授解释蛙腿抽动是由于生物电的缘故。其实,那是一种错觉。伽伐尼教授当时用铜钩钩起青蛙,挂在铁的梁上。不同的金属会产生微弱的电流。蛙腿是受这种电流的刺激后才抽动的,并不是它自身放出什么生物电。”

人们听了发出一阵喧哗。伏打提高了嗓门继续说道:“今天,我用的是铁梁、铁钩,因为同一种金属不产生电,所以蛙腿就不动了。在伽伐尼先生的那次实验中,蛙腿实际上起到了两种金属之间产生电流的敏感验电器的作用。”这一番解释,同样使人人听了心服口服。实验完后,也同上次一样,个个上前,向伏打献上几句赞词,伏打满面春风,自然也是得意非凡。

不过,伏打并没有因为这次表演的成功而陶醉其中,他在这几个月闭门实验的过程中,渐渐地产生了一个想法,他决心要把自己的这个想法变成现实。

于是伏打回到他执教的意大利帕维亚大学,闭门不出,含辛茹苦地在实验室里一干就是七年。他终于发现经过酸浸的金属会产生更强的电效应。接着他根据这个发现，做了许多锌板和铜板，将一块锌板和一块铜板放在一起，再用一块浸透酸的呢绒压上，以后不断照此一层层重复，叠到30层左右，形成一个柱状，便产生了很强的电流。这就是世界上的第一个电池。当时称伏打电堆或伏打柱。伏打告诉人们说：这柱叠得越高，电流就越强。他用自己创立的电位差理论来解释这一现象。他说："不同金属接触，表面会出现异性电荷，也即电压。"在实验中，他还摸索出这样一个序列：铅、锌、锡、镉、锑、铋、汞、铁、铜、银、金、铂、钯。在这一序列里的任何一种金属跟它后面的金属接触都会产生电，而且是前面的带正电，后面的带负电。有了电压，就会有电流。伏打发明的伏打堆只要与电路连接起来，就能不断产生很强的电流。

后来，人们为了纪念伏打，便把电压的单位用他的名字来命名，简称为"伏"。

伏打发明电池是在1800年。这是电学史上的一个里程碑。首先，人们对电的认识一下子跳出了静电的范围，不再是摩擦毛皮上的电，雷雨中的电，莱顿瓶中的电，抑或电鳗身上的电，而是能人为控制的流动的电。其次，由于伏打发明了持久性的电源，电技术也就由此而生，例如1809年，英国科学家戴维发现两根碳棒通电后，在碳棒间会产生弱光，这就是后来照明用的弱光源——电弧灯，这一发明启发了大发明家爱迪生，使他发明了电灯。最后，伏打电池的发明还孕育了一门新的学科——电化学的产生，并且推动化学的发展。就在伏打电池发明的当年，英国人威尼科尔森和卡莱包尔进行逆推理，他们想既然化学能可以变成电能，那么电能也一定有助于发生化学作用。他俩用两根金丝浸在水里通电，把水分解为氢和氧两种元素。英国人戴维在1808年研究了大量能够组成电池两极的材料，结果从苛性碱中分解出两种新的金属——钾和钠。在这以后，他又相继发现了钙、锶、钡、

镁、硼、氯等新元素。在大量新元素被发现的基础上，戴维提出了是电促使元素组成化合物的观点。后来有位名叫柏齐力阿斯的瑞典科学家，根据戴维的理论，提出一种学说，认为所有元素都有正负两个电极，按正负两极电量的不同而相吸并化合抵消了部分电性，未抵消部分的电性还可以组成更复杂的化合物。

真是“蛙腿引出大发明”。看来科学史上的许多大发明看起来常常起于偶然，其实往往都带有一定的必然性。

“火车之父”——司蒂芬逊

上文我们说到瓦特发明蒸汽机后，1814年英国的司蒂芬逊把蒸汽机装在车上，发明了火车。其实火车发明的过程很是曲折。一部科学史告诉我们，任何一样新的创造发明，都是经过人们的不断努力，最后才取得成功，以后又费一番周折，才应用于实际生活之中的。

且说瓦特发明蒸汽机以后，就有人制成了一种很简陋的蒸汽车用于矿山中矿石的运输。蒸汽车后面拖上一列矿石车，在轨道上往来运送矿石，倒也解决了当时矿山作业中的一个大问题。既然，蒸汽车能牵引矿石车，那么能不能将它改进为载人的交通工具呢？这时，确已有人在热心地研究这个问题了。

其实，用蒸气力量来推动车辆的想法早就有过，当年牛顿就提出过反作用式的四轮蒸汽机车的设想。不过，那时蒸汽机还没有发明，就好比母亲还没有，哪儿会有儿子呢？所以牛顿的设想也只能是一个美好的愿望。

1803年，英国的一位名叫特列维西克的矿山技师，凭借他丰富的实践经验，造出了世界上第一台轨道式蒸汽火车，这种火车时速8千米，每次可拉10吨货，初试时效果不错。于是，特列维西克申请了专利。可是正式投入使用后，发现问题不少：一是零件经常损坏；二是常闹出轨事故；三是速度慢，比马车快不了多少。结果，没人肯用它。特列维西克心灰意冷，终于失去了信心，把他的发明弃置一边，不了了之。尽管这样，特列维西克仍然应该算是火车之父。这以后，仍有人孜孜不倦地研究特列维西克发明的蒸汽车，并且提出一种看法，认为问题不在蒸汽车本身而在铁轨上，于是改进了铁轨，果然行驶速度有了些提高，但还是不能令人满意。到了1812年，英国人布雷金索夫和摩雷认为，要提高车速，关键要解决火车在铁轨上打滑的问题。他俩提出了一个办法，就是在两条铁轨中间增设一条带齿的轨，在机车的腹部安装一个转动的齿轮，让齿轮咬着齿轨前进。实验的结果是车速反而更慢了。

这个设计就这样以失败而告终。

又过了一年，有个名叫布兰顿的英国人，想出了一个他自认为是绝妙的主意。那就是，在机车的后面附上两只“脚”，也就是两根杠杆的装置互相替换着，“叭嗒、叭嗒”学着人推车的动作，推动火车前进。一实验，这办法根本行不通。布兰顿的实验也失败了。

这时，研究火车的人越来越多。但是真正成为近代蒸汽机车奠基人的却是个放牛娃出身的机修工——英国人乔治·司蒂芬逊。

司蒂芬逊1771年出生在一个煤矿工人的家里，因为家境贫困，司蒂芬逊自幼失学。8岁时就给人放牛，14岁时在他父亲谋生的煤矿当了个见习司炉。尽管一直到17岁时，司蒂芬逊还是个目不识丁的文盲，但这些年下来，他天天跟机器打交道，对机器真是

入了迷。机械师们拆修机器时，他总在一边看着。这样时间长了，他搞不明白的地方也愈来愈多。于是他又产生了自学机械书的念头，不识字怎么办呢？18岁的司蒂芬逊报名上了小学，他不顾别人的冷嘲热讽，经过几年苦读，终于摘掉了文盲帽子。以后，他又自学了许多机械方面的书籍，尤其对蒸汽机特别感兴趣。

“太遗憾了!约翰先生，要在今天修复这台机器是不可能的了。”

“滚!你们这些饭桶!”矿主听了吼叫起来，“今天修不好，我叫你们统统滚蛋!”说完，他撇下机械师们扭头就走。

这时，从围观的工人们中挤出一个年轻人，他怯生生地对矿主说：“约翰先生，如果可以的话，请让我来试试看……”

机械师们听了，哄地大笑起来。

“喂，小火工你是在说醉话吧!”一个机械师说。

“你想当机械师想疯了吧!”另一个机械师笑得前仰后合地说。

矿主迟疑地看着司蒂芬逊，见他沉着地点点头，便无可奈何地说：“好，你来试试吧!”司蒂芬逊听了，胸有成竹地拿起工具，动手拆修起机器来。

看着他熟练的动作，矿主舒了口气。不过一顿饭工夫，司蒂芬逊对矿主说：“先生，机器修好了，请试车吧!”

一开车，机器果然轰隆阵地运转起来了。矿主见于大喜，连声说道：“好，好，小伙子，我一定提拔你。”刚才还在嘲笑司蒂芬逊的那几个机械师个个羞得无地自容，悄悄地溜走了。

事后，矿主果真提拔他当了机械师。两年后，又提升为总工程师。此时的司蒂芬逊已经不是当年的小火工了，他一心要创造出真正实用的火车。

司蒂芬逊开始是从改革特列维西克的机车着手的，改革后的机车体积小了，牵引力也明显提高了。但是，噪声大得可怕，以致周围农村的牛马都被这刺耳的怪声吓得失魂落魄，因而遭到农民们的抗议，他们甚至发出威胁，如果不能解决火车的噪声，他们就要奋起砸毁这辆机车。另外，这辆机车速度不快，震动厉害。

司蒂芬逊不得不考虑解决这些问题。有志者事竟成。他反复试验，不断总结、改进，最后他决定把喷出的蒸气用管子引到烟筒里去。结果不仅噪音大大降低，而且由于蒸气引进烟筒，使气流循环更好、煤火燃烧更旺，蒸气就大大增加、效率猛增了两三倍。司蒂芬逊大喜过望。为了减轻震动，他又在车底配置了弹簧。这一年是1814年，43岁的司蒂芬逊终于造出了世界上第一台真正具有实用价值的蒸汽机车。

1825年，在司蒂芬逊的指导下，世界上第一台客货运新型蒸汽机车“旅行号”终于造成了。9月27日那天正式举行通车典礼。这部机车共牵引了22节车厢，除最后6节装煤和面粉外，其余的车厢挤满了400多位乘客。司蒂芬逊带着他的儿子登上火车头亲自驾驶。

汽笛一声长鸣，火车慢慢启动。突然从广场的一角冲出一个骑着一匹骏马的青年，只见他大声嚷道：

“让我们来比试比试吧!”

火车慢速向前，骑马人超在火车前面；火车加速，骏马也愈跑愈快，跑着，跑着……火车达到了每小时24千米的最高速，那骏马却愈来愈不支了，望着呼啸远去的火车，那青年骑士终于勒住了骏马，长长地吁了一口气说：

“输了，我输了。司蒂芬逊先生驾的是神马!”

人类历史上第一次铁路客货运试车宣告圆满成功。

火车对人类的贡献是不言而喻的。人类对科学技术的进步是永不满足的。继蒸汽机车以后，又出现了内燃机车、电气机车和磁悬气垫机车。尽管火车的发展会越来越使原始的蒸汽机车

相形见绌，人们都不会忘记和永远尊敬它的发明者——乔治·司蒂芬逊。

后来的人们公认，司蒂芬逊才是真正的“火车之父”。

电磁感应定律的发现

我们在前文专门介绍了英国的大化学家戴维。他不仅是许多化学元素的发现者、大发明家、电化学的奠基人之一，更重要的是，他发现了一位对科学技术发展产生重要影响的电磁学家法拉第。

1791年，迈克尔·法拉第出生在伦敦近郊纽温特一个铁匠家中。家境十分贫寒，13岁时他就失学了，经人介绍在伦敦布朗福德街2号一家书店当装订工。想不到这个工作竟对法拉第的一生产生了根本性的影响。法拉第原本就是个渴求知识的穷孩子。他进书店后，仿佛如鱼得水，如饥似渴地读起书来，书店成了他的大学校。

有一天，他在装订《大英百科全书》时，对一条“电学”的条目产生了浓厚的兴趣。当时，对电的研究正处在启蒙阶段，一般人都闻所未闻。法拉第读了自然也是一窍不通。可是法拉第却有一股韧劲，越是读不懂，他就越要弄个水落石出。于是他埋头研究起电学来。

1812年初秋的一天，有位常来买书的科学家，送给法拉第一套戴维在皇家化学院做连续科学报告的听讲券，讲演的内容是有关电学的研究进展。法拉第如获至宝，他每次听讲都早早进了会场，坐在前排离戴维最近的位子，聚精会神地边听边记。每次听讲回家后，都连夜整理记录。最后，他把记录戴维的四次演讲内容的记录稿运用他装订工的手艺，订成一本精致的小册子寄给了戴维。并且附了一封短信，大意说：我是一个订书工，很热爱科学，有奉听过您四次讲演，整理成这本小册子，作为圣诞礼物。最后还附了一笔，表示了他渴望从事科研的心愿。

戴维将法拉第手制的小册子和他的来信看了又看，深深地为这个青年追求科学的决心打动。他热情地邀请法拉第到他家里晤面，并且推荐他当了皇家学院实验室的助理员。

在科学的殿堂里，法拉第如鱼得水，他本是装订工出身，从小养成了勤快和细心的习惯，加上他刻苦好学，对实验内容和要求又了然于心，这样，实验室里上上下下都乐意与他合作。短短几年里，他不仅帮助戴维和别的科学家完成了许多重要的科学实验，并且自己独立发表了几十篇论文。

在皇家学院工作，有关科学的信息特别灵通。这时在丹麦哥本哈根有个叫奥斯特的科学家发现了电流可以使磁针偏转的磁效应，反过来他又发现磁铁可以使电流发生偏转，揭示了电与磁的关系。奥斯特的发现给欧洲科学界的震动很大。法国科学家阿拉戈和安培听到这个消息后，都进行了实验。在实验中，阿拉戈发现把铁放在通电的线圈中，铁就会磁化；安培则提出了电流产生磁力的基本定律。在英国，法拉第的恩师戴维也在研究电流磁化的问题。也算是法拉第生逢其时，这么多前辈科学家的研究，使这个“幸运儿”一开始就站在巨人的肩膀上去摘取科学巨树上的硕果。法拉第想：既然电可以生磁，为什么不能磁生电呢？如果这能成为现实，那么用这种办法来发电，便可以得到很大的发电量，而且电的成本要比电池生电便宜得多。于是他下决心让电化磁的反应倒转过来，使磁发出电来。他在自己的笔记本上写了“转磁为电”几个大字，口袋里常装着一块马蹄形磁铁、一个线

圈。就这样苦思苦想,反复试验。他先是用磁铁去碰导线,电流针不动,再往磁铁上绕上导线,还是没有电。后来干脆把磁铁装在线圈的“肚子”里,接上电流计,指针还是纹丝不动。这样颠来倒去,反反复复地做实验,不知不觉消磨了10年光阴。这究竟是怎么回事呢?法拉第陷入了极度的困惑和迷惘之中,但他坚信自己的想法不会错,他发誓绝不半途而废。

1831年8月的一天,法拉第取来了一根长62米的铜丝,绕成一个大线圈,又用一根约22厘米长、2厘米粗的圆柱形磁铁,再次做“转磁为电”的实验。他把铜丝线圈与电流计连接后,再把磁铁和铜丝圆筒的一端相连,结果电流计的指针一动也不动。换一种方式再试试,他干脆把整根磁棒插进线圈。忽然,电流计的指针向右动了一下;他再将磁棒抽回,指针向左动了一下。他以为自己看花了眼,索性将那根磁棒在线圈里不停地抽出插入,只见电流计上的指针出像拨浪鼓似的左右摇个不停。法拉第欣喜若狂,大声叫道:“磁生电了!磁生电了!”从此,一种由磁感应的电流,在法拉第的手中产生了!就像人类学会使用火一样,人类历史上一个新的属于电的时代开始了!法拉第并没有陶醉在自己的成功里,他接着穷追不舍。总结出这次成功的奥秘在于:磁铁与金属线圈处于相对运动的状态。而在以往失败的实验中,磁铁与金属线圈是相对静止的。为了验证自己的想法,他进一步做了这样一个实验:他先将直棒磁铁改成马蹄形的,将线圈改成一个铜线盘,铜线盘可以连续摇动。当他连续不断地摇动铜线盘时,电流计上的指针也随之不断摆动。这便是世界上第一台产生持续电流的发电机。

实验成功后,法拉第继续做理论上的深究。他想,磁电之间是靠什么联系转换的呢?牛顿提出了万有引力说,认为引力是在空间起超距作用,没有速度。法拉第认为,牛顿的说法不对。磁铁周围有磁力线，有一个磁场；而导线周围则有电场，它们是通过场而相互起作用的，并且有速度。可惜，这位半路出现的科学家缺乏系统的数学知识，他在这方面的功力还不能使他足以用数学公式的形式来揭示其中深奥的科学原理。为了防止自己的想法被岁月湮没，也为了证实自己是最先有这样想法的人，法拉第虽不能推导出这个公式，却将它用文字表述出来，然后当着几位证人的面，封入“锦囊”，存进皇家学院档案馆的保险柜中。法拉第未竟的事业直到30多年后才被名叫麦克斯韦的青年科学家完成。

法拉第是19世纪最伟大的物理学家之一。1831年8月29日，他发现了感应电流，让电力时代的曙光照到了人间；三个月后，他提出了发电机的原理。他是电磁学的奠基人。30年后，德国人西门子发明了自馈发电机，完成了实用电机雏形；50年后，美国人爱迪生改进了西门子发电机。从此，电磁学进入电动力学。

但当时还是直流输电技术时代。直流低压输电损失大，输电范围小，这就成为它的致命弱点。从根本上解决这两个问题的是三相交流电的理论与技术的发明。1889年，俄国科学家德布罗里斯基制成了世界上第一台100瓦三相交流发电机。1891年，他又指导德国人成功地完成了175千米的三相交流远程输电工程。这一年，距法拉第发现感应电流，整整过了60年。

从此以后，欧美各国根据本国资源条件和工业结构的需要，先后建立起长距离超高压电力系统。电力时代，带来了“第二次产业革命”，让世界完全变了样。

今天，当人们打开开关，享受电能所创造的文明硕果的时候，应当缅怀法拉第。

其实，法拉第的伟大贡献还不仅限于此。除了在电磁学上的伟大建树，1825年他首次从石蜡油中分离出苯，为人们研究苯系物质创造了条件。1833年他首先提出了电化当重量定律，为电化

学、电解、电镀工业奠定了理论基础。

由于他对科学事业的杰出贡献，这位订书工出身的科学家也享受了与此相应的殊荣。34岁时，他接替恩师戴维当上了皇家学院的实验室主任，以后继戴维之后当了皇家学会的会长。他一生从英国和其他各国得到奖章、勋章、称号和学位95次，但是他始终勤勉、纯朴，鄙视虚荣。他是一位重道厚德的科学巨人。

海王星的故事

自从赫歇尔发现天王星以后，天文学家对天王星不按正常轨道运行的“越轨”行为大惑不解。这样过去了64年，天王星运行轨道之谜一直没有解开。

由于当时航海事业的需要，迫切要求天文学家编绘出正确的行星运行表。所以，为了揭开这个谜，世界上有许多天文学家为之殚精竭虑。1840年，德国天文学家贝塞耳提出一种看法，他认为：在天王星轨道外面，一定有一颗别的行星，在它的引力影响下，“扰乱”了天王星的正常运行轨道。贝塞耳的观点言之成理，一时间世界各地的天文台掀起了寻找这颗神秘的未知行星的热潮。

这样又是五年过去了，在茫茫星海中却怎么也找不到它。天文学家们真有些束手无策了，于是他们想到了数学家。

1845年的一天，巴黎天文台台长阿拉贡对数学家勒威耶说：“勒威耶先生，赫歇尔发现天王星已经64年了，可是天王星的轨道一直没有弄清楚。布瓦尔在计算上的差错越来越大。所以，想请你担此重任，重新计算。”

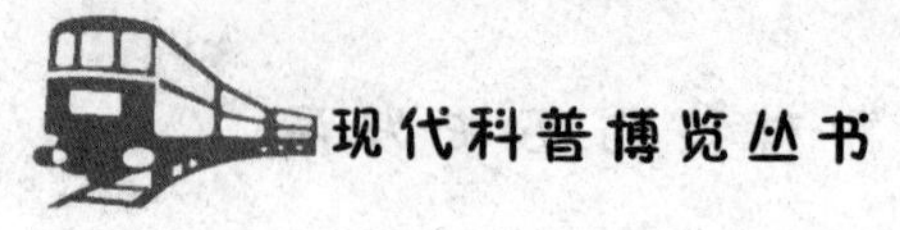

“让我考虑考虑!”勒威耶心中没有把握,不敢说什么大话。

从1690年到1771年的81年中,格林尼治天文台的弗拉姆斯奇特和其他一些学者,就对天王星进行过不下20次的观测。这比赫歇尔发现天王星最早的一次要早91年,比最迟的一次也要早10年。但是由于距离太远,又缺乏精密的观测仪器,他们都错认为它是一颗恒星,而把它列入了恒星表中。1781年,赫歇尔正式发现了天王星。到1821年,40年过去了,积累了一些新的观测资料,巴黎天文台的数学家布瓦尔就根据这些材料对天王星的轨道进行计算。不料这一算,算了24年,愈算漏洞愈大,布瓦尔深深地陷入了困惑之中。

就是在这种情况下,阿拉贡向年轻的数学家勒威耶提出重新计算天王星轨道的要求。

勒威耶想:“会不会像贝塞耳他们推测的那样,有一颗尚未发现的行星起着作用呢?真那样的话,首先要找出这颗新行星。否则,天王星的轨道是永远也算不准的。”

这样,勒威耶就开始用纸和笔来寻找这颗未为人知的新行星。

说来也巧。这时在英国的剑桥大学数学系有个23岁名叫亚当斯的学生,读到了格林尼治天文台台长文利的著作《最近的天文学》,从中得知了天王星轨道之谜,自天王星被发现以来,虽经64年却一直悬而未决,当即对它产生了浓厚的兴趣。他综合当时天文学家对天王星轨道的观察资料进行分析,也认为是一颗尚未被发现的行星的引力,影响了天王星的运行轨道。为了寻找这颗未被发现的行星的踪迹,亚当斯特地登门求见了格林尼治天文台台长文利,从他那里借来了全部观测资料,干劲十足地埋头计算了起来。

真是“初生牛犊不怕虎”,许多有名望的天文家、数学家都对

这项计算工作望而生畏，生怕一旦计算有误会毁了自己的名声，所以都不敢冒这个险。可是，亚当斯却一点思想负担也没有，放开胆量算得津津有味。经过四年的努力，1845年10月21日，他终于完成了计算，并把计算结果送给了格林尼治天文台的台长文利，还要求文利组织人员用最好的大型望远镜来查找这颗新星。

可惜文利台长并不是一位识才的“伯乐”，而是一位思想保守的老学究。他把亚当斯的研究报告一目十行地浏览了一遍。

“一个初出茅庐的毛头小伙子，实在太好高骛远了。”他摇摇头，自言自语地说，一边随手把亚当斯的报告锁进了他的办公桌抽屉里。

就这样，“小雄鸡”预报黎明的初啼，被这位目中无人的长者封杀了。

一年以后，在巴黎，应巴黎天文台台长阿拉贡的邀请，计算天王星轨道的数学家勒威耶也算出了这颗新星的运行轨道并预报了它所在的位置。

信息灵通的文利台长很快就读到了勒威耶的研究报告，觉得似曾相识。最后终于想起了被他锁进抽屉的亚当斯的报告，他忙把亚当斯的报告找出来一比较，发现勒威耶预报的未知新星的位置仅与亚当斯的预报相差1°！如此惊人的一致，使文利惊诧不已，他意识到自己在无意中充当了一回科学的刽子手。在一种赎罪心理的驱使下，他迅速把情况通知了剑桥大学的天文学者。剑桥大学的天文学者立即启动大型望远镜，按照勒威耶和亚当斯预报的方位进行搜索，也许是天公有意要让这位老者为自己的过失悔恨一辈子，剑桥大学的天文学者们连续探测了几夜，都一直未能找到这颗新星。

再说在巴黎，勒威耶向阿拉贡台长交出了研究报告后，就给他远在柏林天文台的友人加勒写了封信，信中详细介绍了新行星的位置，还预测它的亮度约为9等星*。

在收到信的当天晚上，也就是1846年9月23日晚上，加勒和他的两个助手一起，把望远镜对准了勒威耶信中所说的那片天空，他们搜索了7个小时，终于发现了太阳系的第八颗行星——海王星。

海王星是由勒威耶和亚当斯两位数学家各自用数学方法推算出来的。所以，人们说海王星是“在纸和笔尖上找到的新星”。

今天，天文学界一致认为，海王星的发现者是法国的勒威耶、英国的亚当斯和法国的加勒。

海王星的发现，立刻轰动了整个科学界，因为它不仅证实了牛顿的万有引力定律，同时也证实了哥白尼的日心说。

*表示星体亮度的等级，叫作星等。亮度越大，等数越小。

现代麻醉药的发明

在1700多年前的东汉末年，一天夜里，名医华佗家的大门被人擂得山响。原来是病家抬着个奄奄一息的病人前来求医。

华佗从睡梦中惊醒，急急穿了衣服，就来为病人诊治。

病人蜷曲着双腿，头上滚着豆大的汗珠，脸色惨白。家人告诉华佗，病人肚子痛，现在已经昏死过去了。

华佗按了脉，又解开病人的衣服，在他肚子上轻轻摸了摸，便告诉病人的家人，说他生了肠痈，得立刻开刀，否则生命难保。

在华佗为病人开刀的静室里，华佗的助手们忙碌地准备手术的用具。华佗把一包名叫“麻沸散”的药让病人服下，又用硫磺在要开刀的地方消了毒，接着剖开腹腔，割去肠痈……不一会儿手

术就做完了。

在手术时，病人连哼都不哼一声，他醒来后，压根儿就不知道自己的肚子被华佗用刀划开过呢!

麻醉药最早是由我们中国人发明的，可惜“麻沸散”的单方没有能流传下来。很长时期以来，开刀动手术对病人来说，始终是痛苦万分的。直到现在，在英国伦敦医院里，还陈列着一座巨大的吊钟。100多年前，这吊钟就悬挂在医院大厅里，每当遇到病人手术时因为剧痛难熬而拼命挣扎时，就撞响这口钟，医院里的医生护士就会闻声赶去，将那挣扎着的病人死死按住，好让医生动手术。

那时，手术无论是对医生还是对病人，都是令人望而生畏的。如何消除病人在开刀时的疼痛，成为外科医学发展道路上必须攻克的大难题。

1798年，年方二十的英国青年化学家戴维在贝多斯创办的气体研究所工作，研究一氧化二氮是否对人体有害。一天，贝多斯来检查工作，不当心打破了盛一氧化二氮气体的瓶子，手上也划了一个大口子，直淌鲜血。戴维忙从衬衣上撕下几条布条想给贝多斯包扎。不料贝多斯却突然大笑不止，像中了邪一样。戴维正在大惑不解，没想到自己也控制不住地大笑起来。在整个过程中，那天贝多斯自始至终没叫过一声疼。

事后，戴维推测引起人大笑不止和不觉疼痛都跟一氧化二氮气体有关。后来正好戴维去牙科医生那里拔掉了一颗蛀牙，痛得难熬。他想起了一氧化二氮来。于是拿来吸了几口，牙痛果然止住了，不过他当然免不了又发疯似的大笑了一阵。戴维终于证实了一氧化二氮有麻醉作用以及能引人大笑。所以，这种气体又被称为“笑气”。从此，“笑气”就在临床上作为麻醉剂被广泛地使用。“笑气”尽管有麻醉作用，但麻醉的效果不很理想。1845年1

月,美国牙医威尔士在波士顿麻省总医院做用“笑气”麻醉拔牙的公开试验。由于对麻药的剂量掌握不准使药力不足,拔牙时,病人大声呼痛,前来参观的人大多本来就持怀疑态度或抱有成见,于是取笑起哄之声四起。有人乘机发难,扔掉了威尔士的皮包和药品,连推带搡把他赶出了医院大门。倒霉的威尔士连气带恨,竟一病不起。

威尔士的手术失败了,可是在威尔士诊所里当实习生的医学院学生摩顿却不灰心。他仔细分析了他的老师的整个试验过程,发现一氧化二氮麻醉的效力不够,要想在手术中取得满意的麻醉效果,必须寻找更有效的麻醉剂。

有一天,摩顿听化学家杰克逊无意中说起一件事:一次,杰克逊和几个牌友一起玩牌,当时酒精灯中的酒精快用完了,一位牌友起来给灯添加酒精,不料却错将同样是无色透明的乙醚当作酒精加进了灯里。屋里随即弥漫着一股异样的清香。不一会儿,整个屋子里的人都恹恹欲睡,有的竟进入了梦乡。言者无意,听者有心。摩顿从此受到启示,猜想乙醚可能有麻醉作用。

摩顿让一条狗吸入乙醚蒸气。几分钟以后,这条狗就睡着了,失去了知觉和对疼痛的反应。摩顿连续在不同动物身上做试验,都取得同样的效果。摩顿高兴万分,他充分证实了乙醚的麻醉作用。

1846年10月16日,摩顿在马萨诸塞州总医院公开演示乙醚麻醉术。

手术开始了。病人经乙醚麻醉后,很快就昏睡了,手术十分顺利。美国诗人兼医生霍尔姆斯建议把这种镇痛药称为“麻醉药”。从此,动手术就不那么可怕了。

当时,英国的产科医生辛普逊,也正在研究麻醉剂。乙醚麻醉法成功的消息传来,辛普逊深受启发,会不会有一种气体化学

药物比乙醚蒸气有更强的麻醉效果呢？辛普逊和他两位好朋友相信一定存在这样的气体，他们发信向一些化学家、医学家征求气体化学药物，并声明这是为了寻找新的麻醉药而进行实验的需要。

不久，各种各样的化学品从四面八方寄到辛普逊家。辛普逊和他的那两位朋友竟冒着生命危险，一件件、一样样地亲自进行了试验。

1847年的一天，他们的试验已经过去10个月了。10个月来，他们并没有找到理想的麻醉药。这时，可供实验用的药物差不多都试完了。三个人都有些沮丧。

辛普逊在储藏室里仔细地搜寻着，想找出几样没有试验过的药品，可是他的努力失败了。所有的盛药品的瓶子上都贴着“实验过”字样的标签。

辛普逊无可奈何地摇了摇头，退出了储藏室，当他顺手关门的时候，突然瞥见门后放着一瓶药。他一眼就认出了这只模样有些奇特的瓶子，他记得那是法国化学家杜马寄来的。怎么会扔在这里呢？害得忘记用它做实验，还好，让我们来试一试。

他把瓶子拿到客厅里，对他的伙伴们说：“这是最后一瓶药了，要么成功，要么是毒药，我们一起命归黄泉。要是既不成功，又不归天，那我们的试验就只能暂告结束了。”

他把药物在三只高脚酒杯中各倒了少许，然后举杯说：“愿主保佑我们，赐予我们成功！”

一股很臭的气体吸进三个人的鼻子，然后他们都不约而同地闭上眼睛，坐在沙发上，静候变化。没过多久，三个人都昏睡过去了。等到他们醒来时，三个人竟像孩子似的狂欢起来，庆祝他们的成功。

这三个人固然勇气可嘉，但他们的试验毕竟过于盲目而冒险,在科学实验中并不可取。幸好用量微弱,否则后果将不堪设想。

他们吸入的这种药物叫氯仿,化学名称叫三氯甲烷,这是一种比乙醚麻醉性能更强的麻醉药物。

这以后又发现了多种麻醉药物和麻醉方法,从此外科医学进入了一个飞速发展的新时代。

“原始森林”里的开路人——李比希

19世纪以后,德国科学进入了繁荣发展的时期,著名科学家成批涌现。在数学方面,有雅科比和高斯;在物理学方面,欧姆发现了欧姆定律;在地理和地球物理方面,有冯·伯尔特等等。而最值得骄傲的是化学。在这一时期,由于德国产生了以李比希为代表的一大批化学家,德国成了研究有机化学的中心。

1828年,德国化学家维勒用氰酸氨制成了有机化合物尿素(尿的成分)。在这以前,有机物只能从有机生物体中找到,所以维勒用无机化合物合成有机化合物的创举,震动了整个化学界。从此,有机化学兴起。但是,有机化学好像没有什么规律可循,维勒为此伤透脑筋。他写信给他的老师——瑞典的化学大师柏齐力阿斯,无可奈何地诉说他自己好像进入了“一片充满最神奇事物的原始热带森林,它是一片狰狞的、无边无际的、使人没法逃得出来的丛莽,也使人非常害怕走进去”。维勒在有机化学这座“原始森林”面前望而却步了,他放弃了有机化学的研究。

可是,这座吓退了维勒的“原始森林”,却吓不退与维勒同时代的另一位德国化学家李比希。他率领他的学生们勇敢地闯进

了这片荆棘丛生的莽野,并闯出有机化学的新天地,被尊为德国的“化学之父”。

1803年,李比希出生在一个经营化学药品和颜料的商人家庭。他父亲时常在家里做些化学实验,李比希在他父亲开的店里帮忙,逐渐掌握了制造一些化学品的本领,使李比希从小就领略到化学的神奇的魅力,并且对它产生了浓厚的兴趣。他最爱做炸药,他把自制的炸药装进仿真的玩具炸弹里,卖给当地的孩子们,挣些钱贴补家里的开销。有一次,他的一个同学要买“小炸弹”,李比希把“炸弹”偷偷带到了学校,不料竟在上课时爆炸了,吓得全班师生乱成一团。一场虚惊之后,余怒未消的校长把李比希永远赶出了学校。中途辍学的李比希就这样进了一家药房当学徒。但他依然钟情于他热爱的化学,常常趁老板熟睡后,一个人偷偷地做起化学实验来。可他偏偏运气不好,一次在做实验时,突然引起了爆炸,把老板家的天花板炸出了一个大洞,闯了祸的李比希自然被老板“炒了鱿鱼”。这时李比希已经17岁了,李比希意识到要想真正踏进化学的圣殿,必须系统地学习化学知识。于是他考入大学深造,以后又在法国拜化学大师盖·吕萨克为师。学成回国后,担任德国吉森大学的化学教授,那时他才21岁!

李比希在吉森大学里创办了有名的吉森实验室,培养了大批化学家。他在自己的实验室里研究化肥,钾肥、磷肥和氮肥都是他发现的。他在研究与人类关系密切的脂肪类、脂肪酸类、醇类等有机物的过程中,提出了分子结构的概念,给有机化学的发展指明了方向,以后又进一步阐明了分子结构对化学性质的影响,为他的学生凯库勒发现分子结构奠定了基础。

当时,随着石油工业、炼焦工业的迅速发展,一个难题摆到了有机化学家们的面前。那就是:如何理解苯的结构。苯是一种从煤焦油中提炼出来的芳香液体。它的分子中含有6个碳原子和6

个氢原子。已知碳的化合价是4价，而氢只有1价。按照常识，要有4个氢原子才能和1个碳原子化合。而苯怎么会是6个碳原子和6个氢原子化合的呢？

这个难题使凯库勒百思不得其解，为了破解这个谜，他着迷似的日思夜想。常常通宵达旦地在纸上、黑板上、墙壁上，甚至桌布上、床单上都画着各种分子结构式，画来画去，始终没有找到令人满意的答案。

1865年的一天晚上，凯库勒开完一个学术会议乘着马车回家，由于人疲倦了，在一路颠簸中，他不知不觉地睡着了。常言道："日有所思，夜有所梦。"在梦中他仿佛看见了苯的分子结构，它像建筑物的骨架是立体状的，百相勾连的。正在这时，车夫大声叫醒他："凯库勒先生，您到家了！"凯库勒这才大梦初醒。他飞身进屋，立刻把梦中所见画了下来。凯库勒原来是学建筑的，他把建筑中的结构概念引进了化学，终于画出了苯的分子结构图，完满解决了有机化学中的这一难题。

霍夫曼是凯库勒的同门师兄。焦油是当时最主要的工业废料之一，霍夫曼打算变废为宝——从焦油中提取有用的物质。1850年，他终于成功地从焦油中提取出了苯胺。苯胺是有机化学工业最重要的原料，正是霍夫曼的贡献，使有机化学的工业化成为可能。

霍夫曼有个学生名叫帕金。1856年，读大学二年级的帕金刚满18岁，霍夫曼独具慧眼，把他破格提升为助教。霍夫曼根据自己的实践认为可以用氧化苯胺衍生物来制造冶疟疾的金鸡纳霜（奎宁）。这年暑假，他把这个课题交给了帕金。

年轻的帕金准备好了实验器具和一切应用的东西，便废寝忘食地干开了。

实验一次又一次失败了，眼看暑假即将过去，仍然一无所获，

帕金为自己无法向老师交一份合格的答卷而忧心忡忡。

这一天吃罢早饭，帕金又一头钻进了实验室。他用重铬酸钾处理苯胺盐，如果实验成功，他将得到白色的奎宁结晶。可是实验偏偏又失败了，他得到的是一种黑色的黏稠的液体。他无可奈何地摇了摇试管，正准备将它扔掉时，忽然想："不管它是什么东西，我何不把它研究一下，看它有些什么特性，说不定能派上什么用处呢!"黑色的黏稠液体在掺和进酒精后变成了深紫色的液体。

当时，纺织品染色用的都是从植物中提取的天然染料，颜色的品种不多。很多化学家已经想到用化学合成来制造染料，但这还仅仅是一种设想。

帕金看到如此漂亮的紫色，很自然地就闪过一个念头：它能不能当染料呢？于是他拿过一条平时围在西服里的白围巾，用那紫色液体染了一番后，便挂在了户外的绳子上。

第二天一早，他发现这条美丽的紫围巾掉在地上，粘上了尘土，他只好放到水盆中去清洗，不料那围巾竟一点也不褪色。他再用热水浸泡，又用肥皂搓洗，鲜艳的颜色还是依然如故，哪怕是放在太阳下晒上两三天也毫无变化。兴高采烈的帕金迫不及待地向老师报告了自己的发明，并且申请了专利，成了英国染料化学的权威和染料业的"大王"。从此，合成化学工业便发展起来。1863年，帕金的老师霍夫曼制成了"霍夫曼紫"。1875年，帕金已发现合成香豆素的方法，这是香料工业的开始。1869年，德国化学家格拉伯和李普曼发明了人造茜素并设厂大量生产。1882年，德国人拜耳研究成功靛蓝合成法还因此获得了1905年的诺贝尔奖金。

在这些工作的基础上，有机化学工业一日千里地发展起来。俄国人布特列洛夫和德国人肖莱马又发展了有机化学的理论。从此，有机化学作为最有活力的一门学科，进入了20世纪。

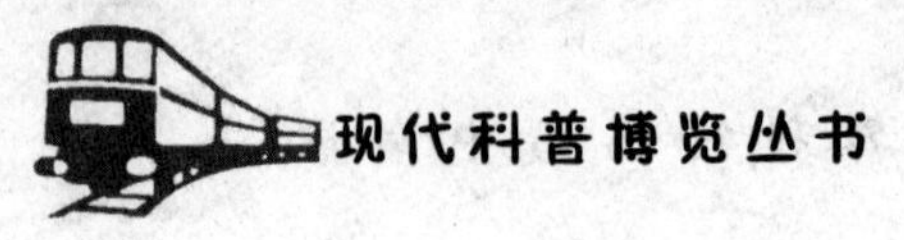

诺贝尔发明安全炸药

自从1900年以来,每当12月10日,瑞典首都斯德哥尔摩的音乐大厅金碧辉煌,灯火通明。来自世界各国的学者、名人和政界要人济济一堂。瑞典国王向当年评出的在物理学、化学、生理学和医学、经济学、文学及和和平事业方面“为人类利益做出最大贡献的人”颁奖。这就是有名的诺贝尔奖的授奖典礼。这项大奖,是遵照瑞典科学家阿尔弗雷德·诺贝尔1895年11月29日的遗嘱而设立的,而12月10日,正是这位科学家的忌日,选定这一天举行授奖典礼,自然是为了永远纪念他。

1833年10月21日,诺贝尔在瑞典首都斯德哥尔摩降生。父亲老诺贝尔是个研究炸药的机械师,有一次,他在家做试验,不料引起爆炸,大火把他们家烧个精光,还殃及街坊四邻。老诺贝尔一下子倾家荡产,只好带着一家老小到国外谋生,跑了好几个国家,最后在俄国的彼得堡定居下来。因为那时老诺贝尔发明了一种水雷,大受俄国军界的赏识,并出资帮他办了生产这种水雷的工厂。当了厂主的老诺贝尔富有起来了,他请了最好的家庭教师来培养他的孩子。诺贝尔天资聪明,在俄国侨居的年代里,他学会了五国语言,这为他以后走遍世界打下了极好的基础。

诺贝尔的家庭是一个火药世家。据说有一次少年诺贝尔看到父亲在试制炸药,便好奇地问道:“炸药要炸死人的,你干嘛整天研究这东西呢?”父亲抚摸着儿子的头说:“孩子,你说得不错。可是炸药发出的巨大力量可以开矿,可以在修路时用来开山,这要省下多少人工呀!”老诺贝尔的话,在小诺贝尔的心田里埋下了一颗献身炸药的种子。诺贝尔长大后便和哥哥一起,跟着父亲研

制起炸药来了。

当时俄国正和英、法、土耳其交战，急需火药。一天，有位教授来找老诺贝尔，请求他在硝化甘油的基础上制造一种威力极大并可以使用的新炸药。硝化甘油是意大利人索伯莱发明的烈性炸药，问世已经近20年了。这种炸药比千百年前中国人发明的火药威力强多了，可是它非常容易爆炸，无论制造、存放、运输、使用都非常危险。所以一直没有人敢真正使用它。老诺贝尔觉得这项课题极有挑战性，就承担下来了。可是不久，战争结束了，火药的需求急速下降，诺贝尔家的工厂难以维持，再加上一场大火，他们全家一夜之间又成了穷光蛋。彼得堡待不下去了，一家人回到了瑞典。可是诺贝尔却不灰心，他一心要研究出用硝化甘油制造可控炸药的办法。

诺贝尔对这个问题想得入了迷，经过100多次失败，他终于设计了这样一个实验：把一小玻璃管硝化甘油放进一个装着黑火药的金属细管内，装上导火索后把金属管口封死，然后再点燃导火索，扔进预先挖好的一个深沟里。刹那间，"轰"的一声巨响，山崩地动似的。诺贝尔的母亲听到巨响，吓得手脚冰凉，只见从实验室里喷出夹着火苗的浓烟，她心想：这回完了!我的可怜的孩子这回要遭殃了。忽然间，从浓烟中跑出一个人来，母亲定睛一看，正是诺贝尔!只见他满脸鲜血，袖口裤角处还带着火苗，一边跑一边大声喊道："成功了，我成功了!"母亲见了，忙追上前去搂住儿子，又帮他扑灭火苗。一边喃喃地说："感谢主的保佑，你真是命大啊!"诺贝尔吻了吻妈妈的额头，说："好妈妈，感谢你虔诚的祷告，上帝保佑了我的成功。"从这次实验中诺贝尔发明了用雷管使硝化甘油引爆的办法。

从此，硝化甘油炸药便开始进入实际使用。可是由于当时的人们对硝化甘油的无知，竟把它当作普通的油，有的用它来润滑车轴,有的用它来擦皮鞋,甚至用来点灯,所以不断有使用硝化甘油不慎而招来横祸的消息。就连他们家开的炸药厂也发生爆炸事故,有五人血肉横飞,他的弟弟也不幸丧生。诺贝尔生产的新炸药确实存在许多问题,其中最突出的是性能不稳定,在运输过程中屡屡发生事故。有艘名叫“欧罗巴”号的海轮在运输这种炸药的途中遇到大风浪,因船体倾斜,导致硝化甘油爆炸,结果船毁人亡。在美国,一列运载这种炸药的火车也因为途中颠簸而引起爆炸。

接连不断的事故,使诺贝尔简直成了死神的化身。警察局向他发出了严厉的警告,并禁止他在城内从事炸药试验和生产。他家的门口常常围着许多愤怒的人,人们见了他就高喊:“快离我们远点,死神!”他的邻居们更加恐慌,在他家的大门上刷上刺目的的大字:“这是家专门制造恐怖和死亡的人家!”以示抗议。一连串血和命的代价,使人们对硝化甘油产生了深深的恐惧,有些国家甚至下令禁运。一个新的研究课题摆在诺贝尔的面前,必须发明一种威力强大又使用安全的炸药才能挽救炸药的前途。他的研究当然不能在城里进行了,于是他来到人烟稀少,森林环抱的梅拉伦湖畔,买了一条廉价的旧船,他将船泊在湖心,又夜以继日地开始了新的试验。住在附近的人们,常常会听到从湖心传来阵阵爆炸声。每到入夜,远望湖心,在一片漆黑之中,总是闪着一点灯火,人们知道,这是那个不要命的炸神诺贝尔,又在通宵达旦地思索。

他终于想到,成功的关键是将液体甘油变成固体,这样不仅容易保存,便于运输,自然也安全。最好是能找到一种固体的吸附材料,让它吸收硝化甘油。于是他接连做了一系列试验,希望采用某种多孔的物质来充当吸附剂。他试了木炭、锯木屑、煤末子、水泥等,但效果都不理想。说来也巧,正在诺贝尔为找不到理

想的材料而苦闷时，一辆运输车上的硝化甘油罐不慎打破了，流出来的硝化甘油和被当作防震填充料的硅藻土混在了一起，不仅很快被它吸收了，而且安然无恙。诺贝尔大受启发，经过多次试验，他终于制成了用1份硅藻土吸收3份硝化甘油的固体炸药。硅藻土的好处是可以天然生来，取之不竭；多孔、重量轻，将硝化甘油往里一拌，可以随心所欲地捏成型。假如要开山打洞，只要把它搓成一个长条，塞进预先在岩石上打好的圆洞里，然后再点着雷管就行了。它威力大又安全可靠，可靠到把它放在铁砧上用铁锤砸也不会爆炸。诺贝尔终于把炸药这匹“野马”套进了笼头，于是他创办的炸药公司源源不断地向欧洲各国行销安全炸药。后来，诺贝尔再接再厉，继续改进他的炸药，制成了胶质炸药和无烟炸药。

1880年，德国化学家赫普用硝酸和硫酸处理从煤焦油中提炼出来的甲苯得到三硝基甲苯，这就是TNT(梯恩梯)炸药。TNT炸药一直用到现在，是有机化学最有实用价值的产品之一。

随着炸药的需求量在全世界与日俱增，诺贝尔公司的炸药生产也十分火爆。他在14个国家建立了16座炸药工厂，成了名扬世界的“炸药大王”和富可敌国的大富翁。

1895年11月29日，终身未娶的诺贝尔已经62岁了。一生从事炸药研究，使他浑身带伤有病，他自知不久于人世。回顾一生，他知道自己的发明大大促进了公路、铁路和隧道的修建，大大方便了矿山的开采；但他也明白，炸药在战神的手里，就成了吞噬人命的魔鬼。他为由炸药而造成的死亡而痛心万分。现在，他行将离开这世界，他要让他的财富永远造福人类。于是他提笔写下了这样一份永垂青史的遗嘱：

请把我的全部财产作为基金，以其利息作为奖金。

把奖金分为五等分，作为下列五种奖的奖金。它每年奖给为人类做出最卓著贡献的人。

(1)物理学奖:奖给在这个领域有最重要发现或发明的人;

(2)化学奖:奖给在这个领域有最主要发现或重要改良的人;

(3)生理学或医学奖:奖给在这个领域有最重要发现的人;

(4)文学奖:奖给在这个领域表明了理想主义的倾向,有最优秀作品的人;

(5)和平奖:奖给为国与国之间的友好、撤除或裁减军备、召开和平会议及实施和平会议的原则做出了最大努力的人。

最初诺贝尔的遗产只有3100万瑞郎,从1901年至今的117年里,诺奖发放的奖金总额早已远远超过诺贝尔的遗产。最初诺贝尔奖金额并不高,1901年首次颁奖,根据诺贝尔当初的遗愿:一位教授20年的工资。但此后奖金数额开始缩水,甚至1923年已经降到了最低11.49万瑞郎。尽管此后奖金名义数额在增大,但因瑞郎的数次贬值,实际价值一直难以达到1901年的水平。

直到1991年,诺贝尔奖金额升至600万瑞郎,才与1901年首次颁发的实际价值相当。也正是从1991年开始,诺贝尔奖金额连年上升,到2001年已经上涨到1000万瑞郎,并一直维持到2011年。2011年诺贝尔基金的总资产仍然高达28.6亿瑞郎,是设立之初的92倍。

3100万瑞郎竟然花了112年还没有用完,还增值92倍。为何诺贝尔奖金始终发不完?是因为投资理财,,所以不但没花光,奖金数额反而不断上涨,基金的盘子也越来越大。诺贝尔奖完全是依靠投资理财的收入在继续执行着诺贝尔的遗嘱,理财专家的出色表现延续了诺贝尔的梦想。

据悉,诺贝尔基金最早只是投资于国债与贷款等安全的证券上。但是由于每年奖金的发放与基金运作的开销,到1953年,该基金会的资产只剩下300多万美元。为了能够持续运营,诺贝尔

基金会开始了以投资股票、房地产为主的理财,由此资产快速增值,奖金额也不断上涨。

可喜的是,在诺贝尔奖获奖者的名单上,有六位龙的传人。他们分别是:1957年获奖的杨振宁、李政道,1976年获奖的丁肇中,1986年获奖的李远哲,2012年获奖的莫言,2015年获奖的屠呦呦。可以相信,在这份名单上还会有更多的炎黄子孙的名字。

让诺贝尔的名字与科学和文明同在!

揭开元素之谜的人——门捷列夫

1907年1月27日,俄国首都彼得堡比往日更加寒冷、萧瑟。太阳暗淡无光,朔风呼啸着卷起积雪,又洒落下来,像是有意撒着白纸花。街道上,到处点着蒙着黑纱的灯笼,一派凄哀的景象。

由几万人组成的送葬队伍正在街上慢慢地移动着。队伍的最前头,既不是花圈,也不是遗像,而是十几个青年学生抬着的一块大木牌。上面画着一张表格,表格中写着各种元素的化学符号。它象征着一位伟人一生的主要功绩——这位伟人在7天前伏在他的写字台上与世长辞了。当时,他的手里还握着笔,一本未完成的科学著作的手稿还摊开在桌子上。

他,就是著名的俄罗斯化学家、化学元素周期表的创始人——德米特里·伊凡诺维奇·门捷列夫。

常言道:“三十而立。”门捷列夫正是在他31岁时被彼得堡大学聘为正教授的。从这一年起,门捷列夫改教无机化学。那时的彼得堡大学还没有现成的教材。所以,在科学研究之外,门捷列夫还得抽出大量时间来编写教材。每当这个时候,门捷列夫总会有一种思绪如麻的感觉。因为从18世纪中叶到19世纪中叶这100年中,科学家们平均每两年半就发现一种新元素。1789年的拉瓦锡时代,已知元素只有23种,而到1869年,人类发现的元素达到了63种,而且元素的种类还在不断增加。这时,人们已经猜想,元素之间可能存在着某种次序关系。许多化学家都试图探索元素间的关系之谜,排出它们的次序。譬如,1829年,德国的德柏莱纳将当时已知的54种元素按其性质的相似程度分成若干组,结果发现元素系列中间的某个元素的性质正好介于它前后的两个元素之间,而其原子量也正好是前后两个元素的平均值。1850年,德国的培顿科菲发现各个元素原子量值之差常为8或8的倍数。例如碱族元素中的锂、钠、钾,锂的原子量是7,钠是7+2×8=23,钾是23+2×8=39。1859年,法国的杜马发现各个元素的原子量有一个公差,如卤族元素中的氟为19,氯为19+16.5=35.5,溴为19+2×16.5+28=80,碘为19+2×16.5+2×28+19=127……1860年意大利的坎尼柴罗提出了测量原子量的新方案,从此化学界对元素化合价和原子量的确定有了统一的规范。此举意义重大,这对后来门捷列夫发现元素周期表具有决定性的意义。1862年,法国的德·尚古特瓦创造了一个元素《螺旋图》,成为科学史上第一个提出元素性质有周期变化的人。可惜他的这项成果被法国科学院埋没了20多年才重见天日。那时,门捷列夫的元素周期表已经问世将近20年了。英国人奥德林和纽兰兹,德国人迈耶尔都先后列出过元素周期表,不过都由于有种种缺陷而显得不够成熟。到1869年门捷列夫的元素周期表问世之前,有关探索元素周期律的记载多达几十处,真是"天时、地利、人和",前人的贡献,为门捷列夫的元素周期表"水到渠成"创造了条件。

不过,前人的努力只是为他的成功奠定基础,而在当时元素之间的联系还是一个谜,因此门捷列夫无论怎样编写教材总觉得

杂乱无章，支离破碎。门捷列夫和他的前辈一样坚信元素间存在着某种规律，而又殚思竭虑找不出这种规律。1868年的冬天，门捷列夫决定搁下教材的编写工作，全力以赴投入探索元素之间规律的研究。他天天独自坐在他那高大的写字台前，苦苦思索着，计算着。为了摸索元素间的内在联系，他用硬卡纸制了63张像扑克牌似的卡片，每张卡片写上一种元素的化学符号，以及它的性质和原子量。然后，他玩起这些"纸牌"来。他想按原子量的大小把卡片排成一张表，就像打扑克一样，一会儿排齐，一会儿分开，不断地调换着桌子上纸牌的位置。可是横排竖排，他总是不能排成。

门捷列夫是个有惊人毅力的人。当年他写《有机化学》一书时，几乎有两个月没有离开过书桌。所以，对于周期表，他自然是不达目的，誓不罢休的。他仍然天天坐在写字台前，摆弄着这些奇特的"纸牌"，简直到了废寝忘食的地步，有时甚至通宵达旦连续几昼夜都不停息。有一次，他从按原子量大小排列的表中，惊奇地发现有好几处都是在某个元素之后，隔了7个元素又出现了一个与这个元素性质十分相似的元素。他将"纸牌"稍做调整后，一副新的"牌阵"出现在他眼前，一望这"牌阵"，63种元素间带规律性的关系居然一目了然。门捷列夫兴奋极了。马上把他的研究所得写了一篇论文。几个月后，正赶上俄罗斯化学学会召开学术讨论会。别的与会学者有的带上论文，有的带着样品，有的带着实验器具当众演示，只有门捷列夫只身空手，将那一副纸牌揣在怀里。三天会期，他一直不言不语，主席觉得奇怪，在讨论会快要结束时，他问门捷列夫是否可以发表些意见。不料门捷列夫起身走到那张演示实验的大桌子前，从怀中掏出一副纸牌，排起"牌阵"来。众人无不吃惊，都以为堂堂大学教授，竟在全国性的学术会议上开这种玩笑。只见门捷列夫将那副牌一会儿便排出一个

"牌阵"来，众人上前一看，方知每张牌上写的是一种元素的名称、性质、原子量等，共是63张牌，代表着当时已知的63种元素。大家瞧着"牌阵"，都如入云里雾中，看不出什么名堂来。门捷列夫这才清了清嗓子，开口说道："世上这些众多的元素，看起来杂乱无章，其实有两条纽带将它们彼此间联系起来。"说到这里，门捷列夫指着桌上的"牌阵"说道，"诸位不知是否看出，按原子量的大小，元素的性质呈现出周期性的重复？"在场的毕竟都是全俄一流的化学家，"心有灵犀一点通"，经门捷列夫这样一说，还有谁不明白的？个个都禁不住点起头来。门捷列夫接着说："另一个是化合价。你们看，竖的一排的各种元素化合价相同，构成性质相似的一族，按周期循环，这就是元素周期律。"

真是"一语道破天机"。不少老教授当时就目瞪口呆，想不到自己钻研这个问题几十年还不着边际，现在却被这个年轻人用几张纸牌说得明明白白。

当然，也有人不以为然。有位先生当众提出问题说："铟的原子量是75.4，应排在砷和硒之间，可这样一来砷就要被挤走了，不再跟性质相似的磷排在一族，硒也被挤走了，不再跟硫排在一族。"他一发难，门捷列夫一时倒无言以对。这时早已生气的门捷列夫的老师齐于老先生发起脾气来，把他的演示斥为儿戏。门捷列夫挨了训斥，心里却一百个不服。为了证明自己的发现，他更加废寝忘食地钻研起元素周期律来。他觉得如果铟的原子量75.4是对的，那就证明他的周期表有问题；如果他的周期表是对的，那肯定铟的原子量不是75.4。于是他决定自己来计算铟的原子量，最后得出的结果是113.1。这样，铟应该排在镉和锡之间。门捷列夫如释重负，更坚信他的周期表的正确性了。按照同样的道理，他一一纠正了铍、钛、铈、铀等一些当时被算错原子量因而在周期表中"捣乱"的元素的原子量。重新排列的元素周期表就

能天衣无缝地显示元素周期变化的规律了。

门捷列夫排定的周期表中留出了不少空缺，这都是因为没有恰如其“位”的元素而造成的。门捷列夫断言这些空缺的位置，都是未发现的元素。这样他一口气预言了11种未知元素。谁知却招来了一些权威的否定，有人甚至攻击他在“研究鬼怪——世界上不存在的元素”。

可是就在门捷列夫发表了他新编的化学元素周期表的三年后，法国化学家布瓦博德明发现了新元素镓，也就是在门捷列夫预言的“类铅”以后，他预言的11种元素一一被人找到。全世界的科学界都被震惊。几乎所有的外国科学院都来聘请他当名誉院士。

门捷列夫元素周期表是科学理论研究中运用逻辑思维的成功范例，是科学预见的丰硕成果。他在元素周期表中，不仅预见到19世纪末化学元素的发现，甚至对20世纪发现的放射性元素，以及“二战”后出现的人工元素，也在周期表中预约定位了。不仅如此，门捷列夫的元素周期表还暗示了以氢为原型的元素原子结构的关系。这是20世纪后由于量子力学的发展才了解到它的意义和本质的。

门捷列夫元素周期表不仅是化学发展史上的里程碑，而且也影响到其他科学，例如元素光谱学等等。

门捷列夫誉满天下，功盖学界。研究科学史的人却难免要因此为德国化学家迈耶尔叫屈。迈耶尔发表过与门捷列夫内容和观点一致的论文，只可惜比门捷列夫晚了9个月。所以，科学史家认为两人是独立并且几乎在同时发现元素周期律的。人们“先入为主”，后人却把这一功劳都归于门捷列夫一人。这多少有点不够公平。所以，我们在谈起门捷列夫时还要补上一笔，否则总觉得有些太亏待了迈耶尔先生了。

从小神童到大学者——麦克斯韦

上文曾说到法拉第因数学功力不够，未能以数学公式的形式来表达他的电磁理论，只得将他的想法用文字记载下来，存进皇家学院的档案馆中，以期有朝一日，有人能完成他的未竟事业。

法拉第足足等了34年，终于有一个名叫詹姆斯·克拉克·麦克斯韦的年轻科学家替他圆了梦。

这位在科学史上能与牛顿、伽利略、法拉第等巨星争辉的物理学大明星麦克斯韦，生于1831年，这正是法拉第发现感应电流的那一年。事情也真凑巧，麦克斯韦去世的那一年，又是爱因斯坦诞生的那一年。爱因斯坦的狭义相对论是在麦克斯韦的电磁场理论基础上提出来的。这跟牛顿生于伽利略死的那一年，而牛顿完成了伽利略开创的力学体系一样，都是科学史上非常巧合的接力关系。仿佛是造物主有意的安排，让科学的发展如"芳林新叶催陈叶，流水前波讣后波"一样后继有人。

麦克斯韦从小就聪颖好学，特别爱提问题。每看到一件他感到新奇的东西，便向爸爸妈妈问个不停。望着爱动脑筋、爱提问题的儿子，父母的心里有说不出的高兴。可惜在麦克斯韦8岁那年，慈爱的母亲得了肺病，去世了。父亲就又当爹又当妈，与麦克斯韦相依为命。

麦克斯韦的父亲是个工程师，他很有一套发展孩子个性和兴趣爱好的教育方法。他先是看出麦克斯韦很有些数学天赋，便开始教他几何、代数。这孩子也真有灵性，再难的原理、法则，他一学就会；数学题愈做愈难，他却算来得心应手。在学校举办的一次数学、诗歌比赛中，他一人囊括了两项头奖。15岁那年，中学还

未毕业，就写了一篇讨论二次曲线的论文，居然发表在《爱丁堡皇家学会学报》上。中学毕业后，他考入了爱丁堡大学，那年他只有16岁，是班上年纪最小的学生，而且是全班学习成绩的佼佼者。他还是像孩童时代那样，爱提问题，和老师、同学进行探讨。有一次，他突然举手指出老师在黑板上演算的一个方程有错。从前，那位老师已经不知道多少次在课堂上用这个方程来推导一个公式了，从来也没有人提出质疑。所以，他听了麦克斯韦的话很是生气，便挖苦说："要是你说得对，我以后就把这个公式称为麦氏公式!"他回家后按麦克斯韦说的一算，果真发现自己错了。第二天，他歉疚地向麦克斯韦认了错。爱丁堡大学的天地太小了，实在不够他驰骋展翅。三年后，他父亲把他送到赫赫有名的剑桥大学。1854年，他以数学甲等第二名的成绩毕业。也就在这一年，他迷上了当时最尖端的电磁学，便一头扎了进去，第二年就发表了论文《论法拉第的力线》。

据说法拉第读到这篇论文时已是一位63岁的老人了。他读了以后大喜过望，因为这篇文章实在写得太好了，把法拉第想说又说不明白的意思，表达得清清楚楚。文章将法拉第充满力线的场比做一种流体场，这就可以借助流体力学的成果来进行解释；又把力线概括为一个矢量微分方程，这可以借数学方法来描述，这样的表达真是尽善尽美。法拉第很想见见这位作者，可是法拉第怎么打听都没人知道麦克斯韦是何许人。因为麦克斯韦在当时实在是一个名不见经传的毛头小伙子。悠悠岁月，四年过去了，这时法拉第已经是年过七旬的老人了。这四年来，老人一直没有忘记那个名叫麦克斯韦的后生，当他正为自己在有生之年无缘与这个他最"知心"的人见上一面而遗憾万分时，奇迹竟然出现了。一对年轻夫妇登门来拜访这位科坛前辈。法拉第万万没有料到那男的竟是他日日思念，比他小整整40岁的麦克斯韦先生。

在这四年中,麦克斯韦经历了丧父的变故,后来又与他任教的马锐斯凯尔学院院长的千金小姐结了婚。马锐斯凯尔学院又并归另一所学院,麦克斯韦想跳槽到母校爱丁堡大学,结果没有成功。几经周折,麦克斯韦就带着爱妻来伦敦投靠皇家学院。这时,他在空气力学等物理学的新领域已经取得了两项重要成果,自然也没有忘怀他情有独钟的电磁学,所以特地抽空来拜访法拉第这位电磁领域的开山鼻祖。

法拉第向来访的这位年轻人介绍了自己这些年的研究成果。他在实验中证明,电流和电场不一样,前者能使导线发热,能电解水,能激发出磁场,后者虽也具有电流的某些性质,但不很明显,那么电场能不能激发磁场呢?法拉第实验了多少年还是没有找到它们的联系。就这样,法拉第又给他的继承人留下了一道难题。

麦克斯韦一头钻进了这场科学的攻坚战里,整整五年工夫,他终于创立了电磁理论。他发表了一组被称为麦克斯韦方程的描述电磁场运动规律的方程,证明变化的磁场可以产生电场,变化的电场又可以产生磁场。磁场电场→磁场→电场,这两个场的作用不断运动着,这就是运动着的电磁波。

在这五年中,他先后发表了《物理的力线》和《电磁场的动力学理论》两篇具有划时代意义的论文,奠定了电磁学的理论基础。法拉第老人读到论文以后,带着满足,安然地离开了人世。

麦克斯韦在他的第三篇论文发表后,就回到乡下老家去了。他闭门谢客,一心一意投入到全面阐述他的理论的一部鸿篇巨著的写作中。这样,又整整过了八年。1873年,他写成了《电磁学》一书。如果说牛顿筑起一座经典力学的大厦,那么麦克斯韦则盖起了一座经典电磁学的高楼。物理学经过186年的艰难攀登,又跃上了一个新的高峰。

1871年，麦克斯韦被剑桥大学盛情邀请去当物理学教授。1874年，他建立了世界上有名的以英国贵族、化学家卡文迪许的名字命名的卡文迪许实验室。这个实验室后来经过汤姆生和卢瑟福的努力，成为世界上最有权威的实验物理中心，先后培养出26名诺贝尔奖获得者。这是麦克斯韦除了他自身在科学上的建树外，对人类的又一伟大贡献。

麦克斯韦的电磁理论，证实了电磁过程是在空间以一定速度（相当光速）传播的，从而彻底否定了当时人们认为不可动摇的超距作用理论。他的理论还预言了电磁波的存在，预言电磁波的速度等于光速，而光其实也是一种特殊的电磁波。这样，光学、电学和磁学就成为一个统一的理论体系。因此，他的理论无疑是19世纪科学史上一座巍峨的丰碑。但是，他的理论太超前了，超越了当时人们的认识水准，所以不仅曲高和寡，而且反对他的人铺天盖地。1879年，曾经夺去他母亲生命的肺病又无情地夺去了这个年仅48岁的科学伟人的生命，麦克斯韦带着"唯我独醒"的孤独和惆怅离开了人世。

"真理往往在少数人手中"。直到十多年后，赫兹证实了电磁波的存在，世人才更进一步地认识到这位科学先知的伟大。

贝尔发明电话机

在被称为信息时代的当今，电话是最重要的通信工具。而电话，是跟一个名叫贝尔的美国人联系在一起的。

贝尔于1847年生于爱丁堡。医学院毕业后跟父亲一起教了两年的聋哑儿童，后来便成了波士顿大学的发声生理教授。除了教聋哑人外，他还致力于声学研究和电光传声研究。那时，正是莫尔斯发明电报不久，电报成了当时人们最感兴趣的新潮玩意儿，贝尔也跟许多人一样，对电报着了迷。

1873年的一天，贝尔与助手沃特森正在实验一种新型电报机。在这种电报机上可以互不干扰地同时拍发几份不同的电报。他们两人分开在两个房间。偶然间，他发现当电路接通或断开时，螺旋线圈就会发生轻微的噪声，于是他产生了一个念头：空气使薄膜振动而能发出声音，那么，如果用电使薄膜振动，人的声音不就可以凭电流传送出去了吗？而在另一端，安装一个同样的装置用电流让铁片振动起来，不就可以发出声音了吗？

贝尔按照这一设想，与沃特森立即动手试制起来。他们在波士顿近郊租了几间房子，作为实验室和卧室，夜以继日地干开了。电话机是一种新的通信工具，没有什么实物或书籍可以参考，只能反复实验，从失败中积累经验。真是“书到用时方恨少”，在实验过程中，贝尔深深感到自己知识有限。于是，他千里迢迢专程来到华盛顿，前往最负盛名的斯密索尼安研究所，向素不相识的老科学家、所长瑟夫·亨利请教。

年过七旬的亨利十分热情地接待了这个胸怀壮志的年轻人。接着，贝尔便向亨利提出了自己的设想。

亨利鼓励他好好干下去，并且告诫他，一方面要认真钻研有关的电学知识，另一方面要尽量吸取别人的经验和教训。

亨利的鼓励使贝尔信心十足。春去冬来，贝尔和沃特森在简陋的实验室里足足研究了三个年头。他们虽然制作了不少模型，但都失败了。问题出在哪里呢？他俩在苦苦思索着。一天晚上，贝尔抬头愣愣地望着满天繁星，心里在苦苦地琢磨着。突然，远处隐隐约约传来一阵“叮叮咚咚”的吉他声。琴声在夜空中荡漾着，仿佛是一股欢乐的山泉在淙淙地歌唱。贝尔听着听着，突然

跳起身来，嘴里嚷着："我想出办法来了!我想出办法来了!"

贝尔心想，吉他靠着共鸣才发出响亮的声音，我为什么不把共鸣的原理用到电话上去呢？于是，贝尔立即动手设计了一个类似共鸣箱作用的助音箱草图，照着草图，他和沃特森连夜赶制起来。一直干到天亮，总算把它做成了。接着他俩又继续改装机器。一连忙了两天两夜，终于制作出一个从外形看来跟今天的电话机模样相似的东西。

他们在两个房间中连接了电线，又分别安装了新制成的机器。他们的设计是：在一端的送话器前发话，声音通过金属振动板振动线圈产生电流，电流沿电线送到另一端听话器的线圈，线圈产生磁力吸动振动板，振动板振动空气而发声。

于是，他们一个在一头发话，另一个在另一头收听。可是声音总是从墙壁或过道上传过来，从来也不是按照他们的设想是从电线上通过发声器传出来的。他俩毫不气馁，不断地改进他们的装置，一次又一次地实验。他们的邻居也很耐心，允许他们把电线拉过自己的房间，而且长期地忍受着他们无休止的喊话而毫无怨言。

1875年6月2日，他们又一次改进了装置，又开始新的通话实验了。贝尔将门窗关上，沃特森在另一间房子里也紧闭门窗，将受话器紧贴耳边。突然，他听到受话器里发出弱如蚊子叫的声音，声音渐渐响起来："沃特森先生，快来帮帮我!"原来贝尔在摆弄机器时不小心打翻了硫酸瓶子，硫酸溅到他腿上，他感到一阵剧烈的疼痛，情不自禁地向他的朋友求助。这是电话史上的第一句话。沃特森听了欣喜若狂，高声喊着："我听到了!我听到了!"他边喊边冲出屋子，向贝尔的房间奔去。贝尔和沃特森紧紧地拥抱在一起，庆祝世界上第一部电话的诞生。

这以后，他们又对电话做了改进，声音愈来愈清晰了。1876

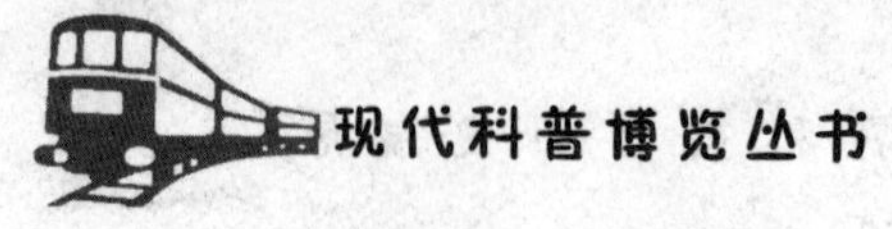

年2月14日,贝尔到专利局申请电话专利时,遇到另一个人在他之后也来申请专利。

这个人发明的电话和贝尔的电话大同小异,也是使用极薄的振动板。所不同的是,声音通过振动板的振动,传送到一根插在液体里的铁棒,由于振动,铁棒上下移动,使液体产生电流变化而将声音送到对方。可惜因为他比贝尔晚了几个小时,专利局没有批准他的申请。如果他早贝尔几小时,在科技史上名垂千古的也许就不是贝尔的名字了。自然,在美国波士顿法院路109号的顶楼门口,现在也不会钉着这么一块写着:“1875年6月2日,电话在这里诞生。”的铜牌了。

贝尔虽然取得了专利,但这只是电话成功的一半。因为当时电话并没有引起社会的重视。虽然,在电话问世的几个月后,贝尔带着电话参加了为纪念美国独立100周年而在费城举办的博览会,曾一度引起轰动。前来参观的巴西皇帝佩德罗二世的电话又无人过问了。贝尔和沃特森并不气馁,他们到处奔波,利用一切机会宣传电话。终于在1880年得到一位有远见的名叫休顿的惊异不已,他放下电话机,大声叫道:“它在说话呢!”但是,时过境迁,博览会一过,贝尔富翁的资助,成立了贝尔电话公司,大规模的电话工业开始了。经过25年的发展,到1905年,美国每50个人中就有一个人装了电话机。贝尔也成了名满天下的大实业家。

电话发明成功的消息传到了爱迪生的耳朵里,他仔细研究了贝尔的发明,很快就发现这项新发明的关键性缺陷在于送话器质量不高。

大发明家爱迪生经过一番实验,研究成功了新型的炭粒送话器,它以炭粒代替原先的炭棒,结果杂音大大减少,而且又使电话的外观更加漂亮。

贝尔不是一个电学专家,也不是工程师。但他立志要发明电

话，结果能先于众多具有专门知识和技能的科学家而发明成功电话。

贝尔的成功靠的是奋斗，是矢志不渝和百折不挠的毅力。

“失败是成功之母。”贝尔又一次向人们证实了这一科学史上为无数史实所证明了的真理。

大发明家爱迪生

在希腊神话中有一个名叫普罗米修斯的天神，他因为为人类从天庭劫得天火，给人间带来光明，因而触怒了天帝宙斯，被绑在高加索山，受尽煎熬。

在科学史上，人们常常把富兰克林和爱迪生这两位美国人比作普罗米修斯。因为前者为人类取来了“天火”——电，后者则驯服“天火”，发明了电灯，将光明洒遍人间。

1847年2月11日，爱迪生诞生在美国俄亥俄州的米兰市。小爱迪生体弱多病，瘦瘦的身子扛着个大脑袋，性格有些内向，却天生爱动脑筋。有一天，5岁的爱迪生突然不见了。家人急得四处寻找，最后发现他正悄悄地蹲在鸡窝里，怀里还抱着几个鸡蛋。

爸爸奇怪地问道：“你在这儿干什么？”

小爱迪生睁大眼睛，认真地说：“我在孵小鸡呢。”原来，前些时候，他听妈妈说小鸡是母鸡孵蛋孵出来的，他也想自己来试一试。听了他的回答，一家人全笑得泪花飞溅。7岁那年，幼小的爱迪生患了猩红热病，所以挨到8岁半才上学。可是仅仅读了三个月，他妈妈就替儿子退了学，自己在家里教他读书的原因是老师把他当作糊涂虫。

辍学回家的爱迪生，跟着妈妈学会了种菜，他把卖菜挣下的钱买了有趣的化学课本，在家里的地窖里设了一个小实验室。每天，当妈妈给他上完课以后，他便飞快地跑进他的实验室里，边看化学书，边做起实验来。

常言道："有志者事竟成。"爱迪生小小年纪，却凭着锲而不舍的精神，顽强刻苦地自学。9岁时，他居然读完了帕克的《自然与实验哲学》和牛顿的《自然哲学的数学原理》。

12岁时，爱迪生在休伦到底特律的列车上当报童。有一次，他因事误了时，赶到车站时，列车已经缓缓开动了。他拼命追赶上去，一跳抓住了车后的扶梯，但是，由于列车扶梯离地面太高，加上车又在往前跑，爱迪生爬不上去。一个列车员看到后，抓住他的双耳，往上一提。爱迪生虽被"提"上了车，但他当时就觉得耳朵里"嗡"地一响，接着就像有人往他当胸重重击了一拳似的又闷又痛。从此，他的耳朵渐渐聋了。

不久，这个聋孩子在一次列车事故中奋不顾身地救出了站长的儿子。为了报答救子之恩，这位站长把自己最拿手的电报技术全教给他。此后，12岁的爱迪生就凭着这一技之长当上了电报员。

真是应了"因祸得福"这句古话，耳聋却给爱迪生钻研电报业务带来了意想不到的好处。由于他听不到任何让他分心的杂音噪声，使他一边全神贯注地工作，一边专心致志地进行各种科学实验。

10年过去了，爱迪生读的书真可以说是汗牛充栋，做过的科学实验也已不计其数。"十年磨剑，用在一朝。"这一年，22岁的爱迪生终于抓到了插翅腾飞的机遇。当时，股市行情风云变幻，爱迪生看准时机，小试牛刀。为"劳氏金融咨询公司"发明了"证券报价机"，得了4万美金。后来，他又接二连三发明了二重、四重、

六重发报机，卖专利得了十多万。于是，他在新泽西州的门罗公园，盖了一个庞大的实验机构，内设实验室、实验工厂、图书馆。聘请了包括科技专家、能工巧匠等在内的一大批人才，雄心勃勃地要像工厂生产产品一样地"生产发明"了。那时，爱迪生的指标是：每10天一项小发明，每6个月一项大发明。为了实现他的目标，爱迪生废寝忘食地干开了。

爱迪生平时有个习惯，喜欢研究别人发明的东西，从中激发灵感。这时，贝尔发明的电话是个最时新的玩意，爱迪生对它很感兴趣，他把电话拆开来试验。因为耳朵不好，所以就靠手心的触觉来试耳机膜板的振动，方法是用一根短针一头抵住膜板，另一头抵在手心。他想，既然声音能使针振动，那么针的振动是否也能变成声音呢？他按照这个思路，画出了一页草图，吩咐手下的机械师——瑞士人约翰·库耶西去照样做来。

库耶西接过图纸一看，只见画着个长筒模样的东西。

"干什么用的呀？"他问。

"说话的机器。"爱迪生答道。

爱实干的人，大都不喜欢多嘴多舌。库耶西立刻就干开了。

听说库耶西正在制作爱迪生新发明的"说话机"，很多工人都围过来看。一看，就纷纷议论开了。

有的说："这么简单的一件玩意，一个长圆筒，加一个转把，上边装一个带针的小振动板，怎么让它讲话呢？"

也有的说："爱迪生从来也不冒失干无意义的事，别小看这玩意，不会是没有道理的。"

大家正争论着，快手库耶西已经把那机器做好了。

在爱迪生的办公室里，大家凝神屏息看着爱迪生仔细地把那机器检查了一遍，然后从抽屉里取出一张锡箔轻轻安在圆筒上，一边示意把窗户关上。

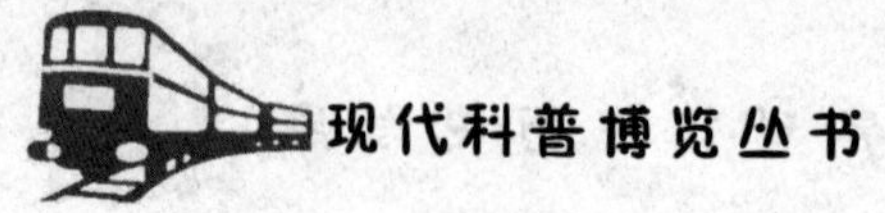

爱迪生摇动了转柄，让圆筒旋转起来，他俯身对着机器上的小喇叭，大声唱起了大家熟悉的儿歌：“玛丽有只小羊羔，雪球儿似一身毛。”

唱完以后，爱迪生将圆筒倒转，退回到原处，然后顶上另一根铁针，再慢慢摇动手柄，只听铁筒里传出一阵轻轻的歌声：“玛丽有只小芋羔，雪球儿似一身毛。”

千真万确的歌声简直使人不敢相信，这就是世界上第一台留声唱机。

爱迪生发明唱机以后，一心扑到发明电灯的工作上去了，所以把改进留声机的工作暂时搁下了。

这时，德国发明家贝利纳研究了爱迪生发明的留声机，把滚筒改成了圆盘——唱片。10年以后，爱迪生又进一步改进了留声机，使它进一步完善起来了。后来随着无线电技术的广泛应用，又出现了电唱机。就在爱迪生改进留声机的那一年——1888年，一位名叫史密斯的科学家提出了一套改进留声机的方法，不过他只是“纸上谈兵”，并没有动手去制作，他的这个方法一搁就是10年。1898年，丹麦科学家保森根据他的方法研制成了世界上第一台磁性录音机。

进入20世纪后，音响技术的发展真是日新月异。昨天，盒式录音机还是新鲜玩意儿；今天，它早就成了明日黄花，“发烧友”们几乎每天都在追逐新的发明和创造。当人们回首爱迪生当年的发明，会由衷地感到：科学的进步，真是令人吃惊!

爱迪生发明留声机后，就全神贯注地投入到发明电灯的研究中去了。因为那时，全世界最热门的发明话题就是电灯，光在美国就有好几家公司在明争暗斗，都想抢在别人前头取得电灯的专利。爱迪生是个不甘落后的人，自然暗暗下了决心，要拔个头筹。

说起电灯的历史，细心的读者也许还记得我们在前面说到英

国大化学家戴维时,曾提到他在1809年发明了弧光灯。弧光灯亮度大,但耗电量也大,而且灯的寿命短。所以,问世四五十年只用在海上引航的灯塔上。不过,戴维的发明却打开了人们的思路,使人想到可以发明一种新的电灯。于是,就有人开始研究白炽电灯。1820年,法国人德拉·留制成了世界上第一只白炽灯,灯丝用的是白金线。俗话说:"一寸光阴一寸金,寸金难买寸光阴。"可是真要人们用一寸白金线去换取一刻钟的电灯光时,毕竟会觉得得不偿失。白炽灯因为不能和汽灯竞争而终于被淘汰。1872年,俄国人罗德维金发明了用细炭棒做发光体的白炽电灯,同样因为缺乏实用价值而昙花一现。

爱迪生首先对过去所有科学家做的实验以及他们所取得的成果一一做了实际研究,力求从他们所走过的道路中,寻找一条可行的捷径。

通过一系列的实验,爱迪生觉得最要紧的是解决用什么材料来做灯丝。

他先后选择了硼、钙、铬等材料,效果都不好。后来用炭精丝做灯丝,炭精丝的灯丝虽然发光了,但很快就和空气中的氧气发生作用而烧断了。爱迪生又转向在金属中寻找,他选用了铱、白金等较难熔化的合金来做灯丝,虽然比起炭精丝耐久了些,但也很快就烧断了。

一次又一次的失败,常常意味着一步又一步地接近成功。爱迪生以百折不挠的精神,前后实验了1600多种材料。在无数次的实验中,爱迪生悟出一条成功的秘诀。除了灯丝,还要解决灯丝很快被氧化的问题。正巧,这时德国人修布伦格发明了有效的真空泵,爱迪生设法买来了真空泵,这使得他的研究工作大大缩短了进程。

解决了灯泡的真空问题,灯丝问题还是悬而未决。一天深

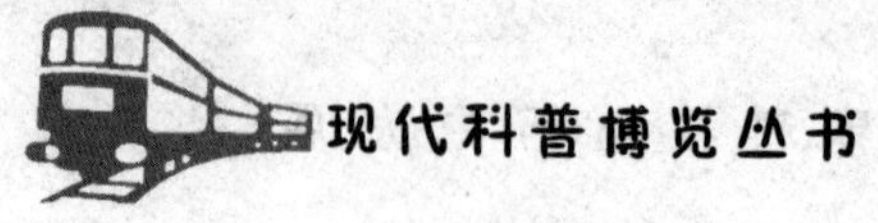

夜，爱迪生独自坐在实验室里冥思苦想。突然，他望着汽灯的灯芯，眼前不觉一亮：这炭化的棉线，应该像炭一样是可以燃烧的。那么能不能用它来做灯丝呢？

他立刻叫醒了助手们，指挥他们动手干了起来。他们把棉线剪成一段一段，弯成灯丝的形状，放在一个特制的模型中，送进烤箱里加热。不一会，棉线就被烤成了一根炭丝，等冷却后再从模型中取出。可是，炭丝太细、太脆了，稍一动就断。这样，他们整整干了三天，才做成一根炭丝的灯丝。

最后，这个炭丝灯泡终于做好了。接通电流，灯丝发出暗红的光亮。爱迪生慢慢把电流加大，灯丝也随着慢慢亮起来，

1个小时过去了，2个小时过去了……黑夜过去了，白天又过去了……这样，这只灯泡整整亮了45个小时，才熄灭。

爱迪生和他的助手们欢呼起来。这次成功使他信心大增，他决定使灯泡的寿命延长到1000小时，甚至几千小时。

他们的研究继续进行，凡是一切可以烧制炭的物质，都要进行实验。从棉线的成功中，爱迪生得到一个启示，他特别注意观察各种植物纤维的性能，试验它们制成灯丝的可能性。1880年的夏天，天气闷热，爱迪生的实验仍在进行。一天，当他随手取过一把竹扇扇凉时，忽然来了灵感：为什么不拿竹丝炭化试试看呢。结果，出乎意料，这个竹丝灯泡亮了1200小时。这一成功，使爱迪生大喜过望。他立即派人到东方采集竹料，并将上千种竹子进行比较，最后发现一种日本产的竹子，加工烧制出来的灯丝最耐用，寿命最长。

他的最初一批竹丝电灯安装在“佳内特”号轮船上试用。第二批电灯在为庆祝电灯发明一周年的展示会上使用。爱迪生在门罗公园的里里外外点缀起500个灯泡。夜幕降临，这里却似“银河落九天”，灯火辉煌，如同白昼。他请报社记者来参观，记者就

在灯下采访，发稿。他请记者们参观他的电灯照明的排字房。记者们见了惊叹不已，于是许多报社纷纷仿效，让爱迪生为他们的印刷车间装灯。就这样不出几个月，爱迪尘的电灯迅速普及开来，人们的生活中很快就离不开电灯了，就如同人们在生活中离不开太阳一样。

为了大规模生产这种电灯，爱迪生建立了“爱迪生电气照明公司”，这是他建立大型企业集团的第一步。1882年，爱迪生的公司又首先建成了电力站和电力网，能发电900马力，可供7200个灯泡片用电。一年以后，美国和英国的一些大城市先后建成了中心发电厂。电照明打开了电力时代的大门，迎来了“电照明时代”。这时，爱迪生年仅34岁。

工作之余，爱迪生常常在灯火辉煌的傍晚，乘车外出散心，人们热情地向他招手致意，爱迪生的一位朋友赞扬他说：“您的发明给人类带来了光明!”

爱迪生回答说：“不，应该说这光明是我们前辈的辛苦积累而成的，我只是继承和发展了他们的事业，做了我应该做的事而已。”

爱迪生发明的竹丝灯泡为人类服务了十多年以后，人们又对灯丝不断加以改进，用一种熔点很高的金属钨，制成极细的灯丝，在抽掉空气的灯泡里注进不与金属起化学反应的惰性气体氩或者氮，这样灯丝就不易烧断了，这种灯泡一直用到现在。现在，尽管新的电光源不断出现，但是，人类的历史上将永远记下爱迪生这个劫火者的名字。

在爱迪生的带领下，从他那建在门罗公园内的“发明工厂”里不断传出发明的捷报。他的成百累千的发明，让全世界每个角落的人们都享受到了他的智慧的福荫。

1929年10月21日，人们在一个复制的门罗公园内，为年已82

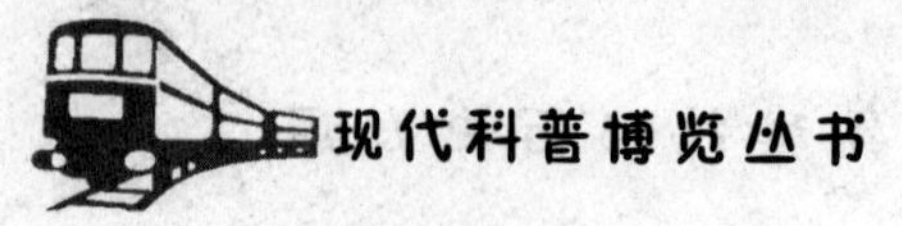

岁的爱迪生老人举行了纪念白炽灯发明50周年的大会。当总统亲自搀扶着爱迪生入席时，他扳动开关，所有的电灯一下子大放光明，接着爱迪生在一片掌声和欢呼祝贺声中举起酒杯，他的眼里放着光彩，对着扩音机向在场的人们以及守在收音机旁数以百万计的全国听众说："我的一生行将结束。我的人生哲学是工作，我要揭示大自然的奥秘，并以此为人类造福。我在世的这短暂一生中，我不知道还有比这更好的了。"

从磁波到无线电

就像法拉第留下了他不解的难题，要等麦克斯韦来解答一样，麦克斯韦也留下了未解之谜，要等后人来破解。真所谓"长江后浪接前浪"，科学史的长河就是这样滚滚向前的。

麦克斯韦临死前预言了电磁波的存在，并且还描绘了它的一些性质。但在当时，反对他的意见铺天盖地，支持他的人却寥寥无几。在少数支持他的人当中有一对师生，他们都是德国柏林科学院的科学家。老师名叫赫尔姆霍次，学生名叫赫兹。就在麦克斯韦去世的那一年，师生两人正埋头进行电磁力与电介质极化关系的实验，在实验过程中，他们得出了麦克斯韦的变位电流的实验证据，验证了空中电磁波的存在。1886年，在波恩大学当教授的赫兹再接再厉，发明了测量电磁波的仪器，终于在1888年发现了电磁波，证明了电磁波具有和光相类似的特性。如电磁波与光波一样，也具有反射、折射、干涉、衍射、偏振等性质，特别是从它的频率和波长直接确定了它的传播速度等于光速。就这样麦克斯韦的预言被赫兹完全证实了。

赫兹的成功原因固然很多，但跟他从小养成的两个好习惯关系很大。一是他从小爱动手，各种工艺都十分在行，有道是心灵手巧，知行并进。这一点赫兹是占了便宜的。二是赫兹从小兴趣广泛，是个小“杂家”。各种知识融会贯通，使他的思维能力大大超过了常人。当麦克斯韦预言电磁波的存在之后，用实验去寻找它的并不只有赫兹和他的老师。别人冥思苦想都一无所获，而26岁的赫兹却另有绝招。他将两个小球调到一定的位置，中间隔一小段空隙，然后给它们通电。这时两个本来不相连的小球间却发出吱吱的响声，并有蓝色的电火花闪烁其间。这证明小球间产生了电场。他再在离金属球4米远的地方放了一个有缺口的铜环。当小球间火花闪烁时，铜环的缺口两端电同样闪烁火花。这说明小球发射出了电磁波，而铜环接收到了电磁波。既然有波，就有波长、频率和速度。于是他将铜环接收器向圆球发射器靠拢，当火花最亮时便是波峰或波谷，不亮时便是零值。这样他测出了波长，然后推算出速度为每秒30万千米……

这时的赫兹，就如当年牛顿发现万有引力时一样，还是风华正茂的青年。他却不幸得了一种齿龈脓肿的病，几年工夫就把赫兹折磨得形枯神伤，奄奄一息。1894年，37岁的赫兹在生命最辉煌的年龄带着眷恋和哀伤离开了人世。

电磁波的发现为后来无线电和雷达的发展奠定了基础。赫兹英年早逝，命运之神又要挑选新的接班人来接替他未竟的事业了。这一回，命运之神挑中了马可尼——一个意大利青年。

在讲述马可尼的故事之前，让我们来简单回顾一下人类的通信史。古代人们通常是用马来做交通工具传递信息的。距离远的，就用设立驿站的办法，一站一站的接续着传递。在军事上，有更快捷的办法，那就是烽火狼烟和信鸽。不过，这两种方法要么只能传递很简单的信息，要么受许多局限。几千年过去了，在19

世纪中叶以前,人类通讯的办法,比起祖先来,并没有多少改进。这绝不是人类对于通讯的变革无所作为,早在1794年法国人克拉德、恰培兄弟就发明了电信机。1809年,德国解剖学家佐迈林利用伏打电池的原理也制成过通信机,但都由于过于原始而没有得到实际的运用。一直到1835年美国画家莫尔斯在高斯和韦伯发明的基础上发明了有线电报,并且在朋友的帮助下,研究出用点(·)、划(–)符号的不同组合,表示英文字母和数字,这就是电讯史上最早的电码,称为莫尔斯码。

1844年5月24日,是人类通信史上的一个重要日子。这一天,华盛顿国会大厦会议厅里座无虚席,预定的时间到了,莫尔斯按动发报机,向64千米外的巴尔的摩城拍发出一连串的点划符号,守候在巴尔的摩城的助手立即将收到的电码译成电文:"上帝创造了何等奇迹!"这是人类历史上最早的一份正式长途电报!

1847年,德国人西门子建立了世界上第一家电讯器材公司——西门子公司,专门从事电讯设备的生产与销售。

1851年,在英国多佛尔与法国的加来之间铺设了连接英法的专门用于通信的海底电缆。1852年,伦敦和巴黎之间建立了有线电讯。到了1866年,横贯大西洋的海底电缆铺设成功,把欧洲和北美洲连接了起来。有线通信开创了电讯时代,自然功德无量,但它的局限性也是显而易见的,所以电讯时代的真正标志是无线电的发明。

这位发明无线电的伟人叫马可尼。1874年,马可尼出生在意大利帕多瓦城一个富有的家庭中,从小受过很好的家庭教育,养成了勤奋好学,爱动脑筋的习惯。赫兹去世那年,马可尼已经是个年近二十的青年学者了,正热衷于研究赫兹发现的电磁波。他虚心向他的老师——一位研究赫兹电波的资深教授里奇请教,努力钻研电学理论,并反复进行实验。他甚至在他父亲的别墅里架

天线，埋地线，白天试，晚上调。他又不断改进检波器制成了发射机和接收机。终于在波罗尼亚大学的实验室与1.7千米外的山丘间成功地进行通信联系。实验成功了，他欣喜若狂，立即向意大利邮电部写信要求资助。但当时的意大利政府十分腐败，对于技术发明很不重视，马可尼的信如石沉大海。这使他非常气愤，转而向比较重视发明创造的英国申请专利。

英国邮电部总工程师普利斯是个非常识才爱才的老人。在他的帮助下，马可尼很快制出了一套新的收发报设备，在邮电部大楼顶上与相距3000米外的银行大楼间实现了通信联系。事有凑巧，几天后当地有一场传统的游艇比赛，出发点在港口，终点在30海里外的海面上。过去，比赛的结果要用几小时才能传回港口，在岸边的观众大都等不及，早就都走人了，所以比赛总是虎头蛇尾。这回，马可尼新制的收发报机正好一显身手。于是，他让普利斯随船到终点发报，马可尼在起点接收。一路上，普利斯不肘发回比赛的消息。当胜负刚刚分晓，马可尼就接到普利斯发来的电报，他立刻高声地喊道："玛丽号，玛丽号拔了头筹!玛丽号赢了!"这时，向玛丽号押了赌注的人正在半信半疑时，把赌注押在别的船上的人，却对马可尼群起而攻之。正闹得不可开交，海上报信的快艇驶来，报告玛丽号夺魁。这次公开的实验又宣告成功，人们这才相信这个"的的嗒嗒"的铁盒子的神通。

1896年，他在英国得到了无线电发明的专利权。

1898年，无线电波跨越英吉利海峡，并正式用于商业。

1899年3月3日，"东谷德文"号快船被一艘货船撞破，水哗啦啦地往船里灌。正在这千钧一发之际，许多地方同时收到"东谷德文"号发出的紧急呼救电讯，许多救生艇立刻向出事地点驶去，落水的人们全部得救了。这是无线电第一次成功地用于海难事件。

1901年2月，马可尼在英属牙买加的康沃尔建了一座50多米高的电波发射塔。同年12月带着两名助手来到纽芬兰面对大西洋的一座小山上，在一座钟楼内安好收报机，又在山上放出一只六边形大风筝，上面拖着天线，风筝一直升到122米高空。一切布置妥当，他便将听筒紧贴耳边，静心地捕捉来自大西洋彼岸康沃尔电台的电讯。突然，耳机里传出“滴—滴—滴”的短码。世界各国的报纸很快都登出电波穿越大西洋的消息。从此，无线电公司便如雨后春笋般在世界各地出现了。

1909年马可尼因此而获得了诺贝尔奖金。

就在这时，有人提出地球是圆的，而电波是走直线的，这样，远距离的对方就收不到电波。马可尼从自己的实验中确信，无线电不仅可以远距离传送，而且可以环绕地球。1933年10月的一天晚上，在美国科学家欢迎马可尼的宴会上，他当众做了实验表演，拍发无线电888信号，电报绕地球一周，只用了3秒钟。

这究竟是什么道理呢？原因是大气中有电离层，它可以不断地将地面发射的电波反射回地面。不过，马可尼在当时并不知道这个道理，只是他敢于实践。

在电讯科技史上，可以与发明无线电相媲美的是1880年美国人贝尔发明的电话。我们把马可尼和贝尔称为电讯科技史上的双子星座是毫不为过的。现在，历史已经把人类带进了信息时代，人们将永远记住这两位伟大的发明家。

柏克勒尔发现放射性

1896年1月20日，离伦琴发现X射线不过一个多月，在法国科学院举行的一次例会上，著名数学家和物理学家彭加勒介绍了伦琴发现的X射线，会上还展出了X光拍的照片，引起了与会科学家们的极大兴趣。会上，彭加勒提出一个猜想，他认为：既然阴极射线在放出X射线时有荧光出现，那么说明X射线与荧光物质有关，而许多荧光物质是在阳光照射下才会发光的，所以可以推论，是不是所有的荧光物质在太阳光下都能放出类似伦琴射线那样的射线呢？

真是说者无心，听者有意。彭加勒的这番话激起了在座的一位物理学家柏克勒尔要一探究竟的欲望。会议一结束，他便匆匆赶回自己的实验室：请出自己的老父亲——一位长期以来与他一起研究荧光现象的物理学家，他们想验证一下彭加勒的猜想，看看那些荧光物质在太阳光照射下会不会发出射线来。

第二天，立即开始了他们的实验。柏克勒尔取来一瓶名叫硫酸钾铀的荧光物质，他仿照伦琴检验X射线的方法，把一张照相底片用黑纸包得严严实实，再把荧光粉倒在纸包上，然后放在阳光下暴晒。

这样晒了一会儿后，他急匆匆钻进暗室去冲胶片，果然等冲出胶片后上面竟有一团黑影，难道这就是伦琴射线吗？老柏克勒尔看了也十分高兴。父子俩一连又试了两天，都一一应验。于是，1896年的2月24日，柏克勒尔向法国科学院报告了他的发现：只要阳光照射荧光物质就会发出类似X射线的射线。法国科学院要求柏克勒尔做好充分准备，在下一次的例会上做正式报告。

于是，柏克勒尔决定再做几次实验。可惜天公不作美，这以后一连几天都是阴天，直等到云开日出，柏克勒尔又做起他的实验来：他从抽屉里取出胶片，拿起一瓶硫酸钾铀，正想朝院子里走。突然，心里冒出一个念头：这些胶片用黑纸包着放在抽屉里这么多天了，会不会漏光呢？想到这里，他走进暗室，把底片冲出来。一看，真让他大吃一惊，底片感光了，其中一张底片上还有把钥匙的图影。他想起那天放底片时顺手在纸包上压了一把钥匙，硫酸钾铀是放在桌面上的，这说明它不用阳光也能放出类似X射线的射线。

在3月2日的科学院例会上，柏克勒尔激动地宣布了这个新发现，并诚恳地声明他前几天向科学院所做的报告是错误的。

后来，柏克勒尔又精心设计并做了一系列实验。发现只要化合物里含有铀元素，就会放出这种神奇的射线，他把这种射线称为“铀射线”。于是，在1896年5月18日的科学院例会上，柏克勒尔宣布：含铀的物质会自发放出射线，这种射线的强度不受任何物理上或化学上的原因的影响而变化。柏克勒尔的这一重大发现，和伦琴发现的X射线一起，吹响了人类向原子时代进军的号角。为此，柏克勒尔获得了1903年的诺贝尔物理奖。

柏克勒尔的发现拉开了原子物理学的序幕，尽管它的意义非同一般，可是当时他却未能看到这一点，他只是觉得自己的发现还只是个开始，还有许多谜没有揭开。于是便拼命地来解这些难题。由于当时人们对放射性的危害一无所知，而他天天跟放射线打交道，结果，柏克勒尔的身体被完全摧垮了。他死于1908年，是第一个被放射物质夺去生命的科学家。

在科学史上，有人认为柏克勒尔发现放射现象纯属偶然。其实，科学发现常常离不开机遇。这机遇有两种：一种是本来要寻找的东西没有得到，却得到了同样有价值或更有价值的收获，叫

作“种瓜得豆”;另一种是一次失误却意外地导致一项发明、发现,叫做“因祸得福”。柏克勒尔当然是“因祸得福”了。但这机遇也是要去找来的,正如物理学家亨利所说:“伟大的发现的种子经常飘浮在我们身边,但他只会在有心人心中扎根。”

X射线和铀的放射性的发现,就像童话中的“领路鸟”一样,它的五光十色的羽毛闪烁着奇异的光彩,把人们引向一个完全陌生的王国——微观世界。在这以后,居里夫妇发现了放射性元素钋和镭,汤姆生发现了电子,卢瑟福更大胆地向原子王国挺进。

“领路鸟”把科技带进了20世纪。

莱特兄弟发明飞机

1903年12月16日,在离美国北卡罗来纳州基蒂霍克实验场不远的一个小村里贴出了一张布告,上面写着:

明天——1903年12月17日上午10时30分,飞机发明人莱特兄弟将在基蒂霍克实验场进行世界上第一次载人飞机的试飞,敬请光临参观。

尽管有不少人看到了这条布告,可是大多数人都认为这是两个疯子的玩命游戏。所以,第二天到场参观的只有两个人,其中一个还是跟着大人来的孩子。另外三个是莱特请来的急救人员。

10时30分,弟弟奥维尔·莱特胸有成竹地登上了飞机,发动了引擎,飞机在铁轨上缓缓滑动起来、越来越快、越来越快,最后冲出轨道,离开地面,飞上蓝天。地面上的人们都情不自禁地欢呼起来。13秒钟以后,飞机开始缓缓降落在地上。接着奥维尔·莱特又成功地试飞了两次后,哥哥威尔伯·莱特登机试飞,他飞了

1分钟，飞行了260米。这就是后来载入史册的人类第一次驾机飞行的记录。

莱特兄弟不仅是飞机的发明人，同时也是世界上最初的飞机驾驶员。

出生于美国的莱特兄弟从小就梦想着像鸟类一样在蓝天飞翔，长大后，兄弟俩都成了机械师。尽管他们凭着技术，收入不错，但从童年时代起就一直埋在他们心底的梦想，并没有随着岁月的流逝而消失，反而变成他们的一种强烈的追求。就在这时，莱特兄弟从报上读到了德国滑翔飞行家科连达尔在一次飞行试验中不幸丧生的消息。兄弟俩感叹不已，他们决心继续完成科连达尔未竟的事业。

为了实现他们的梦想，他们不仅如饥似渴地研读科连达尔的许多有关滑翔飞行的著作，而且还开始了数学、物理、机械等各方面知识的系统学习。

研制飞机需要耗费巨资，为了挣钱，兄弟二人开了一个自行车行。当然，他俩的主要精力还是集中在研究飞机上。

莱特兄弟固然会安装自行车，但要安装飞机模型却并非易事，原因在于飞机模型要上天的，有一点毛病都会招来意外。

“哥哥，我们制成后，到什么地方去试验?”弟弟问。

“最好在宽广而又没有人家、没有树木，还得有一个小山头、下边是沙滩的地方。山头可供我们起飞，沙滩可以避免降落时坠毁……”哥哥回答道。最后他们选定了纽约南边面临大西洋，在一条江的入海处的一个小村。这里既有急救站、气象站，还有邮局，这里几乎没有人家，非常符合试飞的条件。

莱特兄弟在试验中，发现利连达尔提出的模仿鸟类翅膀的滑翔机并不管用，所以他们二人根据自己的推算，设计制作了一个有上下两层看起来是一个长方形的翅膀。这个改进的机翼，不仅

可以增加浮力，又能够大大减小空气的阻力。他们又在机翼的最后，加了一个起调节滑翔作用的小小的辅助翼。

1900年10月，兄弟二人果断地把自行车行委托给朋友管理，全力以赴地专门从事滑翔机的试飞研究。

兄弟二人来到试验场上，两个人用手拉着系在滑翔机上的绳子，一阵疾跑，没有乘人的滑翔机真的就飞上了天空。

“太好了，我们坐上去试试吧！”

哥哥抢先登上滑翔机。弟弟拉着绳子从小山上往下疾跑的同时，乘人的滑翔机离开了地面半米，一直滑行了30米，一阵向下吹的劲风把滑翔机吹落到地面。

蒙布的翅膀摔了个大洞。很幸运，哥哥只受了一点轻伤。

第二天，弟弟开始登机试飞。

他们逐渐发觉有一些地方还有毛病，比如机翼的弯曲度、宽度等还需要改进。

到了1902年的夏天，他们已经有了上千次的滑翔经验，掌握了驾驶技术，这更加使兄弟俩坚信滑翔机一定可以在天空中飞行。

有一天，弟弟提出：“我们可以把引擎装到滑翔机上了吧？”

“可以。”

兄弟二人意见完全一致。

至于使用什么引擎，引擎如何工作，二人一点不清楚。他们为了弄清楚滑翔机的载重量，特意在滑翔机上装砂袋，一次一次试验，最后搞清楚，滑翔机最大运载能力只有90千克。

这时，世界上已经有了汽油引擎，汽车工业正在迅速发展，但是最轻的汽车引擎是140千克。

兄弟二人向制造工厂提出订制一个不超过90千克的轻引擎，而工厂的答复是：“不行。”

“我们只好自己动手制作引擎了。”

在一位叫狄拉的机械工人的帮助下，经过很长时间，费了很大力气，造出了一部四个汽缸12匹马力，重量只有70千克的汽油引擎。

引擎有了，下一步就必须解决螺旋桨的问题了。当时，在滑翔机上安装螺旋桨已有人进行试验，至于像莱特兄弟这样要在乘人的滑翔机上安装螺旋桨，倒是第一次。二人经过多次实验，用长松木做成了近似现代的螺旋桨。

9月末，一切都准备就绪。兄弟二人把精心设计制造的飞机又运到厂试验场，在组装中，连续不断出事故，试验只好推迟。

开始是螺旋桨上的人轴弯了，修好后，引擎和螺旋桨之间的齿轮又坏了，修好后，又发现已修好的轴又断了……

难呀，真是难呀!

就在莱特兄弟忙于修理故障的时候，曾经当过他们老师的兰格雷教授，已经制成了一架翼长16米的大犁飞机，并安装了一部引擎，这部引擎的力量要比莱特兄弟的引擎力量大4倍。

10月的一天，兰格雷使用发射机将飞机发射出去，进行了第一次试飞，结果飞机坠落失败了。

莱特兄弟十分重视兰格雷的试飞，他们对有关这次试飞的报道以及飞机制造材料等等，都一一进行了分析研究。

报道介绍，当飞机刚离开发射机时，飞机就发出一种不正常的怪声，接着出现左右不定的摇摆，最后垂直坠落下来……驾驶员曼利经过抢救脱险……

为什么会失败呢?

兄弟二人在深入研究分析之后认为：第一是飞机的材料不好。第二是组装不合适。第三是驾驶员经验不足。

莱特兄弟汲取了兰格雷教授试飞失败的经验教训，严格检查

自制飞机的每一个部件，丝毫不敢大意马虎。

经过多次的试运转，完全证明飞机性能良好之后，他们才决定在12月14日进行第一次试飞。

成功，失败，就在于这一飞。兄弟二人既兴奋，又担心。

初冬季节，试验场上吹着凉风，二人从急救站请来了五个人以防万一。装着滑板的飞机停放在专门为滑行起飞设置的铁轨上。引擎已经发动，在静静的试验场上吼叫起来……

弟弟抢先爬上了飞机。

当哥哥和弟弟握手道了声“保重”之后，飞机吼声变大，庞大的飞机从铁轨上缓缓滑动起来，越滑越快，一瞬间，飞机冲出轨道，离开了地面……

旁观的六个人，哥哥和五个急救人员正在惊愕的时候，飞机已经安然落到地上。

“哥哥，整整三秒半钟！如果我们也采用滑翔机的办法，用绳子拉着，应该飞得更好!”

“是的，应该是这样。”

为了证明他们的发明和试飞成功，莱特兄弟决定在12月17日举行一次公开试飞。于是，就有了本文开头的那一幕。当时在场的五个人，成了世界上第一架飞机飞行成功的见证人。

人类飞向蓝天的梦想从此变成了现实。

汤姆生、卢瑟福探索原子之谜

自从放电管问世以来，伦琴从管中阴极发出的射线中发现了X射线，柏克勒尔又在对X射线的研究中发现了铀的天然放射性，以后居里夫妇又进一步从铀的研究中发现了镭。那么,追根寻源问一声:阴极射线本身又是什么呢?这正是当时英国物理学家汤姆生思索的问题。

汤姆生自幼聪慧,加上有严父督教,14岁便考进了著名的曼彻斯特大学,20岁被保送到剑桥大学,27岁就被选为皇家学会的会员。1884年,他28岁那年竟被卡文迪许实验室的老主任瑞利看中,指定为自己的接班人。

这时,物理学界正发生着一场大争论,争论是由60年代英国物理学家克鲁克斯发明的一种管子——克鲁克斯管引起的。所谓克鲁克斯管,就是在一个玻璃管里嵌进相对的两块金属板,两板各与一条电路相连,一块是阴极,一块是阳极,当管内空气抽得越来越稀薄时,就会出现种种不同的颜色,这种光是由阴极发出的。它到底是什么呢?当时世界上一流的物理学家以德国赫兹、林纳德为首的一派,和以美国克鲁克斯为首的一派提出不同的看法,展开了旷日持久的争论,这场争论竟然持续了20多年而没有结果。就在1896年,汤姆生正好40岁,英国科学促进会召见汤姆生,要他的用实验解决这桩悬案。

经过仔细研究,汤姆生发现争论的关键在于,当时科学家只推算出电子的存在,而不知道它的质量、性质所以物理学家们自然不服,于是汤姆生毅然决定要称称电子的质量。

为了实现他异想天开的想法,汤姆生精心设计了一个实验。他准备好了一个阴极射线管,射线从阴极一端发出后,穿过两个很窄的缝,成一细束,打在管子的底部,而底部已准备好精确的刻度,用来观察射线的偏转。在射线经过的路上,上下各准备两块金属电极板,形成一个电场。当金属板不通电时,射线沿直线打在管底一个点上,通电后射线受电场的影响发生偏转,并且根据偏转的方向可知它是带负电的粒子束。这时再加一个磁场,使它

沿相反方向偏转，又校正到原来的位置。

在实验中，汤姆生先求出阴极射线微粒的飞行速度，进而求得它的电荷与质量之比，最后去推算质量。结果，他算出粒子的飞行速度是每秒10万砌千米，它的质量是氢原子的1/1840，也就是9×10^{-28}克；它的电荷是4.8×10^{10}个静电单位。汤姆生还不放心，把这个实验反复做了几次，结果都产生了同样的粒子流。不仅如此，在实验中汤姆生还发现：不仅在阴极射线中，即使在别的条件下，例如将金属加热到一定程度，金属或其他物质受光，特别是受紫外线照射时，也能放射出电子来。汤姆生得出了一个伟大的发现：任何元素中都含有电子。

汤姆生被誉为“最先打开通向基本粒子物理学大门的伟人”。1906年他荣获了诺贝尔物理学奖。

电子的发现，和X光、放射性一起，成为19世纪末物理学的三大发现。

汤姆生发现电子以后，人们开始意识到原子是一个无穷的世界，对于它肯定还有许许多多人类未知的秘密，为了揭示原子之谜，汤姆生建议他的得意门生卢瑟福专门从事原子内部的研究。

遵从师命，卢瑟福从镭放射出的射线入手，看看它到底是些什么东西，然后再顺藤摸瓜去追踪原子内部的秘密。他设计了一个实验，用一个铅块，钻上小孔，孔内放一点镭。这样射线只能从这个小孔里发出，然后将射线放在一个磁场里。这时，一束射线立即分成三股，一股向N极偏转，另一股向S极偏转，还有一股不偏不倚笔直向前。卢瑟福分别取名为α、β和γ射线，并且又一一弄清楚了它们的性质。

β射线和阴极射线一样，是电子流。但由于β射线是从原子内部发出的，速度可达光速的30%~99%，所以它的穿透力很强。

α射线是带正电荷的，速度只有光速的10%，质量却很大，为4

个原子质量单位,又重又慢,因而穿透力很小。

γ射线由于不带电荷,所以在磁场中不向两极发生偏转,它是X射线,但波长很短。

这样一来,19世纪末物理学的三大发现都在卢瑟福的一个实验里全部得到了解释。汤姆生看到自己的学生如此有出息,当然高兴非凡,便把他推荐到加拿大吉耳大学当物理学教授。

1898年9月,卢瑟福到加拿大走马上任,他的实验室里有一位名叫索迪的助手。此人虽比卢瑟福年龄还小,但化学知识却极为丰富,这正好弥补了卢瑟福的不足。于是30岁的教授先生和23岁的助手学生密切合作。他们从研究物质的放射性入手,很快从钍中分离出一种神秘物质,这种物质除了原子量与钍不同,其他无一不同,他们给这种物质取名为同位素。同位素的发现,使得对原子内部的研究更细密、精深。

有了索迪,卢瑟福就请他帮助自己来验证一个他从前的发现,那就是粒子从所具有的电量和质量来看,很像一种已知元素——氦。

他们将少量的镭盐放进一个小玻璃管内,外面再套上一个大玻璃管,两层管壁间密封并抽成真空。几天之后,将内外管之间的气体抽出,一化验,果然是氦!这证明α射线实际上就是氦流,那么镭射线放出α射线后剩下的又是什么物质呢?这样追查下去,原来是氡。于是卢瑟福宣布:“放射性既是原子现象又是产生新物质的化学变化的伴随物。”这种由一种元素变成另一种元素的放射性现象叫做“衰变”或“蜕变”。一种元素的放射性减少到总量一半所费的时间叫“半衰期”。各种元素的半衰期是不同的,铀是45亿年,镭是1560年。原子在衰变过程中不断产生α、β粒子,同时释放以γ射线出现的其他能量,可见小小一个原子拥有多么大的能量啊。卢瑟福的发现真可谓石破天惊,它的意义就如哥伦

布发现新大陆一样。

1907年10月，卢瑟福回到英国曼彻斯特大学任教，他的学生们又从世界各地追随而来，他们来自德、英、法、丹麦等国，他的实验室简直就是一个“科学国际”。就在这时，卢瑟福收到了从瑞典寄来的颁发诺贝尔奖金的通知,大家正闹哄哄地议论如何去领奖，卢瑟福却说：“不忙，诺贝奖放在那里是跑不掉的。我们现在要紧的是要搞清楚，我们所发现的这许多小粒子在原子内部是如何组合、结构的。”

为了解答这个问题，卢瑟福设计了一个打碎原子的新实验。卢瑟福选择α粒子来充当打碎原子的“炮弹”，而这时他的学生盖革已经帮卢瑟福设计好了一个能计算出镭放射出α粒子的仪器——盖革计数器。现在，他们准备好了放射源，又以金箔为靶子，靶子一边放一个荧光屏，通过显微镜观察穿过金箔的α粒子是否都落在了屏上。

这项工作非常费力而且枯燥，他的学生常常观察一整天也一无所获。终于有一天，盖革慌慌张张跑来报告，说他发现了一个奇怪的现象，就是虽然大部分α粒子都沿直线穿过了金箔，但也有个别的α粒子出现了偏转，有的甚至于反弹回来。为了探出个究竟，卢瑟福一头扎进实验里，竟一连几天没有出来。最后，他算出来大约射出8000个α粒子会有一个发生偏转或者反弹回来。这究竟是什么原因呢？卢瑟福一边继续实验，一边苦苦思索，不停地演算。最后，他悟出一个道理：原来这原子的结构就如宇宙中的太阳系，它的中心有一个体积很小但质量极大的原子核，周围是大大的空间，所以8000个粒子才有一个可能撞上它被反弹回来。

1911年，卢瑟福提出了原子的“太阳系模型”，这是科学史上一项空前伟大的成就。原子和原子核物理学从此发展起来。

1919年4月2日，卢瑟福应老师汤姆生的再三要求，出任卡文迪许实验室主任，他到任后就立刻宣布了一个新课题——研究原子核的构成。他不满足于打碎原子，他要进一步打碎原子核，对它来个刨根问底。

在一间专用的实验室里，卢瑟福和他的“孩子们”做好了一切准备。来自世界各地聚集在卢瑟福门下年轻的科学精英们都尊称卢瑟福为“父亲”，而卢瑟福也高兴地称他们为“孩子们”。

且说卢瑟福小心地把荧光屏调离发射源，相距已经长达40厘米，荧光屏上有一个光点在闪亮。卢瑟福认为这不可能是α粒子，因为α粒子的射程极短，不可能达到玻璃管的另一端。他们一测，果然这是实验用的氮转变成另一种元素——氧17，并放出了一个质子。卢瑟福用人工的方法在世界上第一次分裂了原子。以后，卢瑟福又制成了一架巨型的原子捣碎机，用它来进行分裂各种元素原子的实验。

1933年，卢瑟福在英国皇家学会上正式解释了原子捣碎机和他做的关于原子嬗变的实验。大厅里鸦雀无声，所有听讲的人都注视着讲台上的这位科学巨人，他们明白：随着这位伟人回荡在大厅的声音，一个新时代——原子时代的脚步声将紧随而来。

贝德发明电视机

现在，电视机也许是跟人类生活关系最密切的电器了。假如我们说电视机改变了人类的生活方式，塑造着人们的新的意识，

那是一点也不过分的。怪不得有人把电视机比作神话中改变世界的魔匣。

电视机的历史可以追溯到1862年。最早研制电视机原理的是一个名叫卡塞利的法国神父,他创造了用电报线路传送影像的方法,而得到拿破仑三世的支持,获准在法国各地建立了传送站,用于通过电报线路传输手写的书信和图画。这有点类似于今天的传真,但由于技术上的原因,他的图像常常是一片散乱的小点和短横,因此毫无商业价值,卡塞利的实验最终没有获得成功。

1873年,一位叫史密斯的电气工程师,在工作中发现了一种被确认是不导电的元素——硒。在遇见阳光后会像电池一样放出电来。

美国一位叫肯阿里的工程师。当听到这个奇怪的发现后,他在两块金属板中间夹上硒做了一个特殊装置,这个装置在阳光照射下,会从金属板发出微弱的电流,因为这是光发电,所以他把这个装置叫“光电池”。这时贝尔已发明了电话。

光电池这种在强光下产生强电流,在弱光下产生弱电流的现象,多么像贝尔发明的能随着声音的大小而使电流变化的电话。

于是,肯阿里想:电话能够传送声音,那么用光电池的电能不能把图像或景物传送到远处去呢?

1875年,肯阿里自己研究并制作了一个实验装置。他把中间放上用黑白小点组成图像的照片,又把许多硒的小颗粒密集地排列在一块板上,另外又做了一个用小灯泡密集排列的装置,每个小点和小灯泡之间一个对着一个都用电线连接起来。

肯阿里的设想是:把用黑白小点组成的图放在硒板前用灯光照射,由于硒对光的感应,黑点的地方接收光比较弱,硒粒发出弱的电流,白点的地方发出强的电流,这样,硒粒产生的强弱电流通过电线,传到装置上的各个小灯泡,这样一幅灯光的图就会出现。

设计的道理是对的,但却没能实现,原因是硒所产生的电流实在太弱,不能使小灯泡发亮,而且在许多小硒粒上一个一个连接电线就存在很大困难。实验失败了。

十年后,在肯阿里实验的基础上,波兰人尼布可提出了一个新方案。

这是用一块布满极密小孔的网板,在图或景物前旋转,使光从小孔中通过,当光射到硒粒上,随着光的变化而产生电流,电流通过电线传送到远处,使远处的小灯泡放光,这点和肯阿里的设想基本上相似。

而在远处的接收部分,尼布可是用同样的一个布满极密小孔的网板,用和发送部分同样的速度、在发光的小灯泡前旋转,小灯泡的光通过网板小孔射到白纸上,一幅和发送部分一样的图和景就会放映出来。

苦干了三年的尼布可,于1887年完成了自己的设计,当试验时,也是由于光电池所产生的电流太弱,达不到要求而宣告失败。

失败并不意味着尼布可提出的方案有什么根本性的错误。尼布可的实验使科学家们进一步认识到,只要把光电池的效能提高,理想一定会实现。

1912年,德国人耶斯塔和盖特二人发明了“光电管”。光电池只是使光产生电,产生的电流比较弱,而光电管则是根据光的强度,而转换为不同强度电能的作用。光电管和光电池相比,光电管的效能可就大得多了。经过研究改进,1924年,光电管达到了完善的地步,而且已用于各个方面。

这时,美国的富雷斯特已经发明了三极管,这是一个有放大作用的装置,它能把微弱的电流放大。这样,电视机诞生的条件越来越成熟了。

1888年出生于英国苏格兰的格拉斯哥的贝德,从小就有着丰

富的想象力。他成人后,对当时科学家们正在思考的问题很感兴趣:既然马可尼能够实现远距离发射并接收无线电波,发明了无线电,那么发射图像也是可能的。这个想法启发了贝德,他潜心研究得出了这样一个推想:

一张拍摄得很好的照片有着不同的光亮与阴影。如果在靠近一块硒板的地方放一张照片,再把一束光投射到照片上,并移动光束照遍照片的各个部位反射到硒板上,那么硒板上的感光便会随着图像的明暗变化而产生各种强度不同的电流。这一过程称为图像的"扫描"。然后电流便被输送给发射机,由发射机用线路或无线电波发射出去,再由接收机接受,并把电波转换成明暗不同的图像。他如愿以偿地得到了实验结果。然而,这一过程只能产生静止图像。

如何才能得到活动的图像呢?贝德离成功还有一段漫长的距离。

贝德的工作条件尽管很差,一间房子既是卧室又是工作室,但他还是着手制造第一台电视机。他把钻了许多洞洞的圆盘安装在一根织针上进行扫描。他将光投射到转动的圆盘上,圆盘按固定的顺序照亮了图像的不同部位并将其转换成电流。他将这些强度不同的电流发射给一米以外事先准备好的接收机,接收机又将电流变成图像。

1925年,伦敦一家公司请贝德在一家大商店里一天表演三次。虽然图像有些模糊,但那台电视机的性能还算不错,人们对表演很感兴趣。1926年,他又给报界做了一次表演,这次他请了一个勤杂人员作为屏幕人物。人类看见自己在电视屏幕上出现,这还是第一次。

1931年,英国的伦敦出现了一个爆炸性的新闻,将在伦敦大剧院进行电视公开试验。

人们奔走相告，争先恐后地涌向大剧院，都想要亲眼看看这个人类幻想已久的、能把图和美丽的景色用电传送到另一个地方的新发明。

赛马，在当时英国来说，是一种较流行的娱乐活动，每场赛马会总是吸引成千上万的观众。第一台电视发明者贝德利用人们的爱好，选择了伦敦赛马场的赛马比赛做公开的电视试验。相距23千米的伦敦大剧院里人山人海。

当简陋的电视机上摇摇曳曳地出现了赛马场面时，人们大声欢呼。……马在奔跑，人在欢叫，……剧院里观众的情绪，随着赛马场上的气氛时起时伏。

贝德的公开实验取得了成功，世界上正在研究电视的科学家们更加努力。新的发明不断涌现，电视技术日新月异，终于成为今天的信息时代的重要角色。

费米建成原子能反应堆

原子弹、青霉素和雷达，并列为第二次世界大战中的三大发明。研制原子弹的关键是原子反应堆，世界上第一座原子反应堆是意大利人费米研制成功的。

1901年，费米出生在意大利罗马一个铁路职工的家庭，年轻时靠奖学金在德国哥廷根大学学习物理，他的导师是当时有名的物理学家玻恩。大学毕业后不久，年仅25岁的费米就当上了罗马大学第一个理论物理学教授。这时，希特勒上台了，犹太人在欧洲各国面临着法西斯纳粹的疯狂迫害。而费米的妻子正是一个犹太人，为了逃避纳粹的魔掌，他们夫妇在1938年逃到了美国。

早在1934年10月，费米的助手就发现，当用中子轰击金属银的时候，放在银附近的铅会影响银的放射性。助手把这个现象告诉了费米。费米对这个现象很感兴趣，于是他亲自进行实验。没想到，当他在中子源和银中间放置石蜡以后，竟使银的放射性强度提高了100倍。费米提出了一种理论来解释这一现象，他认为：中子通过含有大量氢的物质的时候，和氢原子核发生碰撞，速度变慢了，因此就更容易被银的原子核所俘获，使银产生的人工放射性更强。这个理论称为“慢中子效应”，以后费米又用实验证实他的观点，因而在1938年获得了诺贝尔物理奖。

当时，世界上各个大国、强国，都在加紧研制原子弹，可美国的罗斯福总统却犹豫不决。美国在这方面的研究落后于其他一些先进国家。1939年春天，费米亲自访问了美国海军部，报告关于他的核裂变的研究情况，可是美国海军部没有引起重视。这一年的夏天，从匈牙利移居美国的物理学家西拉德得知纳粹德国正在加紧研制原子弹，就让爱因斯坦给罗斯福总统写信，又请罗斯福的好朋友经济学家萨克斯去说服总统。罗斯福最后决定支持研制原子弹。于是在1942年，美国政府制定了研制原子弹的“曼哈顿计划”，而建造原子反应堆，就是“曼哈顿计划”的核心部分。

我们现在要讲的故事，发生在1942年。地点是美国的芝加哥大学体育场看台下的一个室内网球场内。

在太平洋战争爆发的第二年，突然就在这比赛场的入口处挂上了一个牌子，上面写着“冶金技术研究所”。并且还出了一张布告，宣布禁止学生出入。

在这所研究所的工厂里有几个满脸灰尘的人们，他们正在认真地砌着一座砖灶。其中有一个长着黑头发的小个子，大家都叫他“火夫”。

12月2日，他们已经砌成了50层的石墨砖的砖灶。在炉灶里还插着一根棒，灶底放着一个怪机器，他们把它叫作“中子发生器”。外边还有一个叫“盖革计数器”的东西，这个计数器均匀地发出“咔、咔、咔……”的响声。一个人一面在听着计数器的响声，一面默默数着。炉台上站着四个人，手中各提着一个装着东西的大桶。炉灶四周还有一圈保护墙。

只见那个名叫“火夫”的人大声喊道：“注意啦，现在开始实验了！”

紧接着他一下从炉子里拉出了那根棒。这时所能看到的，是全体人员的紧张神色，所能听到的，是那个计数器中传出的连珠炮似的“咔咔咔……咔咔咔”的响声。

在这既没有火，也看不到内部的炉前，人们只是望着那唯一的计数器，听着它传出的响声。他们的呼吸，他们的情感好像跟着响声在起伏……

刹那间，或许在他们觉得已经是很久的时间里，每张紧张的脸上都出现了微笑，这是得意的笑容呵!

“火夫”又大声喊道：“成功了！”

手中的棒又插回炉灶，而且又继续插下备用的几根。虽然正值冬季，但人们的脸上却挂着滴滴汗珠。

“火夫”激动地当众宣布：请各位记住，现在的时间是1942年12月2日下午3时30分。

人们高兴得互相拥抱。

这是人类经过多年奋斗，终于揭开原子秘密的第一次实验。

这个被称为“火夫”的就是费米。他正领导着一项将要改变人类命运的科学研究。

50层的石墨砖砌成的原子反应堆，在砖缝中放着铀235和铀238，最初的铀的原子被“中子发生器”发生的中子轰击后，分裂出来的中子又对其他铀的原子进行轰击，这就是所谓的连锁反应，从而释放出大量的能量。在实验中他们在反应堆里插着一根镉棒，这是为了控制原子分裂，当“火夫”提出最后那根镉棒之后，原

子就开始了轰击。在炉上的两个人手提的是装满镉的水桶,正反应堆四周砌有一圈镉、硼材料的墙,都是为了防止意外。

这一实验过程眼睛是看不见的,只能靠计数器来表达,成功或失败也只能从计数器中得知。

这以后,在研制原子弹的过程中,美国、德国、苏联等国都先后建立了原子能反应堆,这也为和平利用原子能开辟了道路。在反应堆里,通过控制裂变材料的纯度、临界体积和中子吸收材料等办法,可以减缓和控制链反应发生的速度,使它不发生爆炸。利用可以控制的裂变反应过程放出的能量来发光,这就是原子能电站。1954年,苏联建成了世界上第一个原子能电站。

所以,原子能反应堆的建成,事实上标志着人类进入了原子能的时代。而费米,正是带领人类进入这一时代的许多科学伟人之一。

不锈钢的故事

第一次世界大战的时候,有位名叫布利阿里的英国军械师,奉军工生产部门之命,正在紧张地研究改进枪支的效能。由于当时的炼钢技术等原因,英国用在战场上的枪支,总是因枪膛磨损,不堪使用而运回后方。

布利阿里并不是炼钢技术专家,他的研制工作实际上是选择具有高强度耐磨的合金钢。

布利阿里和他的助手大量收集了国内外生产的各种型号的钢材,以及各种不同性质的合金钢,在各种不同的机械上进行性能实验，然后选择出较为适合的钢材制成枪支，送往靶场进行实弹射击试验。

方法看来比较简单，工作起来还是很麻烦的。

布利阿里的实验室摆设得就像一个钢材展览会，不同品种的钢材上还立着醒目的标签，上面写着名称、产地、成分等等。

布利阿里和他的助手对每一种钢材做过实验之后，在记录本上详细记载了结果。有的留下放在一排空架上，准备制成枪支进一步做实弹射击试验。一些不能使用的钢材，他们一般是顺手一抛，堆积在实验室的一角。

一天，他们实验了一种含大量铬的合金钢。他的雇主们在没有让他知道的情况下，擅自用这种合金制造了一些刀，经耐磨实验后，证明这种刀并不耐磨，说明新发明的合金钢不能制造枪支。于是，布利阿里无可奈何地按照老办法，记录下实验结果后，把这批合金钢往墙角一扔了事。

日积月累，一个很大的实验室因抛弃的废钢材越来越多，碍手碍脚，影响了工作人员的出入。布利阿里决定彻底搞一次卫生，清理一下室内环境。

废钢材一车一车运了出去。正在装车的助手突然拿着一块铮光发亮的钢材，跑来对布利阿里说："先生，您还记得这块钢材吗?"

布利阿里看着光亮如新的钢材，想了老半天，终于想起来了：

"对，这就是那块含铬的合金钢!它居然不会生锈，我们为什么不再来好好地实验一下，看它到底有什么特殊作用?"

他们把这块合金钢放在酸、碱、盐的溶液中侵蚀，又用各种方法来加工，实验结果证明，它是一块不怕酸、碱、盐，既可以热加工，也可以冷加工又不会生锈的钢材。美中不足的是质地软，不耐磨。

"不耐磨，却耐腐蚀，这不能制枪支。那么……可以制作什么呢?"助手也在一旁思考。

“噢，可以做餐具吗？……做餐具最理想，”布利阿里边想边说道。

布利阿里在研究工作之余，自己动手试制了第一把不锈钢的水果刀。不久，这种新产品在市场上出现了，接着用不锈钢制作的刀、叉、勺以及果盘、折叠刀……都有了。

新产品格外受人欢迎，因为它远比传统的银制餐具美观适用。

这时正是1912年。三年以后，布利阿里获得了生产不锈钢的专利。

不锈钢并不是布利阿里发明的，许多发明家对不锈钢的研制工作做出过贡献。美国的贝克特对研制不锈钢曾起过重要的作用，印度的发明家海尼斯早在1884年就发明了一种生产钨铬合金钢的方法。而被布利阿里发现的不锈钢，实际上是德国克虏伯公司研究部的工程师毛拉和施特劳斯发明的。他们在1912年用12%的铬、混合7%的镍、3%的硅和钨而制成了这种合金钢。但当时他们并不知道这种不锈钢有什么用途。

现在，不锈钢已经广泛地使用在生产和人们的生活中，成为一种不可缺少的材料。

生命科学的发展

说来也巧，现代生命科学的奠基人——摩尔根，诞生于遗传学的祖师爷孟德尔发表豌豆遗传论文的1866年。不过不同的是，摩尔根出身名门，家境富裕。这使他能够遍历名山大川，在游历中，这位富家少年产生了对大自然的无限热爱，促使他最终走上了探索生命奥秘之路。1886年，踌躇满志的摩尔根考入了美国著名的霍普金斯大学研究院读研究生。几年后，他写出了《论海蜘蛛》的论文，获得了博士学位。

1900年春，也就是摩尔根取得博士学位后不久，蒙在孟德尔论文上的尘土被拂去了，他所创立的遗传学说重新放出了光辉。这不仅使孟德尔这位生前默默无闻的修士顿时名噪世界，而且使他奠基的遗传学雨后春笋般地兴盛起来。

而在这之前，细胞学取得了长足的进步。德国生物学家弗莱明发现了细胞中的染色体和细胞的有丝分裂。一旦孟德尔的学说重见天日，生物学家便马上看出了孟德尔所说的遗传因子和染色体之间的联系，一门新的科学——细胞遗传学以崭新的姿态在科学界出现了。

这时，已经是哥伦比亚大学生物学教授的摩尔根，不失时机地投入了对这门新兴科学的研究。他一心扑在他的奇怪的实验室里，成了人们心目中的一个“怪人”。在他的实验室里，他培养了几万只果蝇。这东西尽管令普通人讨厌，但它们身体小，占地方很小，使用方便，饲养的成本又低，再加上它们繁殖率高，生活史短，便于观察。所以，成了摩尔根和他的学生们实验的好材料。

1910年的一天，摩尔根偶然发现在许多红眼果蝇中有一只白眼果蝇。他让红白果蝇杂交，到子二代时，他发现白眼果蝇全是雄性的。这说明性状(白)和性别(雄)的因子(即“基因”)是关联的。这一重大发现，说明白眼性状是由染色体传递遗传的，这称为“伴性遗传”。

通过长期实验探索，摩尔根终于肯定地得出了染色体是遗传因子载体的结论。摩尔根的发现为人们探索生物遗传机制开拓了一条新路。以后，在大量实验资料的基础上，运用数学方法，摩尔根和他的学生一起又成功地推断出一对对基因在染色体上的具体的排列位置，绘出了果蝇遗传基因人染色体上的坐落图。

1928年，摩尔根的遗传学名著《基因论》问世。在《基因论》中，摩尔根预言基因是一种化学实体。此后，这位科学伟人就放开对细胞遗传学的研究，而去搞他的老本行——胚胎发育学去了。1933年，摩尔根获得了诺贝尔医学和生理学奖。

以后不久，在摩尔根的研究基地——加利福尼亚理工学院，来了一位年轻的德国科学家，名叫德尔布吕克。他看到实验室里正在使用一种“噬菌体”做细菌和病毒研究的材料。这种噬菌体的结构非常简单，头呈六角形，头部中心含有DNA。所谓DNA就是脱氧核糖核酸，它和核糖核酸(DNA)一起组成核酸，是构成细胞核的主要成分。噬菌体与其他生物的细胞染色体的基因有一样的物理、化学属性，而且繁殖极快，德尔布吕克觉得用它来研究基因是再好不过的了。德尔布吕克原来是个物理学家，所以他能得心应手地运用物理研究中的放射性同位素标记法，他和生物学家赫尔希等人设计了一套极妙的试验，结果证实DNA才是真正的遗传物质。一门新兴的科学——分子生物学，就这样诞生了。1969年，德尔布吕克因此荣获诺贝尔医学和生理学奖。

科学发展到20世纪，很自然地出现了多学科交叉的研究方式。要进一步揭开DNA之谜，就不是单纯靠生物研究能够完成的。1944年量子力学家薛定谔，写了一本研究生物学的书《生物是什么》。在书中，他提出了生命密码的设想。他认为，遗传实际上就是生命密码被复制后传给后代。有个名叫克里克的青年物理学家读了薛定谔的这本书后，立刻下决心改行研究生物，并在他从事研究工作的英国著名的卡文迪许实验室，遇上了一位志同道合的朋友——华生。于是两人合作探索DNA的秘密。

两个年轻人夜以继日地埋头在实验室里从事他们的研究。足足有三年多，连节假日也是在实验室里度过的。“功夫不负有心人”。1953年元旦过后不久，他们终于弄清楚DNA是两根链条螺旋状似的缠合在一起的结构。为了直观起见，他俩还制出了模型。他们解释说：当细胞繁殖时，这条双螺旋就像拉开拉链似的从中间分开。这时，每一个碱基对都拆开了，不过剩下的一半会很快地在浮游在细胞核内的分子中找到新的搭档。两个与原来DNA一模一样的复制品就被复制出来了。华生和克里克的发现，开创了分子生物学的新时代。他俩和另一位为揭示DNA之谜做出重大贡献的英国科学家威尔金斯一起，获得了1962年的诺贝尔医学和生理学奖。从此，分子生物学成为一门最有诱惑力的科学。经过进一步的研究，完全证实了薛定谔关于遗传密码的设想，科学家们已经集中精力来研究破译这些密码了。这样又产生了一门运用遗传密码让生物按照人的意愿来进行遗传和变异的新的科学技术——生物遗传工程。人们完全可以这样设想，有朝一日，人类将可以通过修复和调节基因来治疗疾病，改造生命。

人类正在一步步揭开生命之谜，所以生命科学是人类文明在20世纪最丰硕的成果之一。可喜的是，中国科学家在这一领域有着骄人的贡献。

1965年9月17日，世界上首次用人工方法合成了牛胰岛素，这就是中国的化学家经过6年零3个月的奋战，经过近200步的化学合成，所夺取的一项科学的“世界冠军”。

原来，在人和动物的胰脏里，分布着一种形状类似小岛的细胞群——胰岛。它分泌的激素，就叫胰岛素。胰岛素能促进人体内碳水化合物的新陈代谢，能控制血液里糖的含量，如果人体里缺少胰岛素，血液中糖的含量就会增加，大量的糖分就会从小便中排出，形成糖尿病。严重的会引起惊厥甚至死亡。

人工合成胰岛素之所以为世人瞩目，是因为它具有极为重要的科学意义。胰岛素是一种蛋白质，而蛋白质正是生命必需的物质基础。人工合成胰岛素也就是人工合成了蛋白质。所以，它标

志着人类在认识生命，揭开生命奥秘的伟大进程中，迈出了极其重要的一步。

1960年，根据中国科学院领导的指示，组成了以上海生化研究所副所长王应睐为首的专家组，我国著名的生物化学家纽经义、邹承鲁和有机化学家汪猷、邢其毅都积极参与了这项研究。

胰岛素是微观的东西，看不见，摸不着，全靠化学的分解、合成。牛胰岛素的分子是由A、B两条链组成的。一个牛胰岛素分子由777个原子组成。要把一个个氨基酸连成A、B两条长链，仿佛用一块块砖砌万里长城那样，当然，它比砌墙要难得多。试想，蛋白质是由20种不同的氨基酸组成的，而每一种氨基酸又是严格按一定次序排列的。这样，每连接一个氨基酸，势必要做三四个化学反应。只要其中一步稍有差错，就会使几个月的辛苦，毁于一旦。人工合成胰岛素是一项多么艰巨的科学工程啊!那时，王应睐白天同科研人员一起在实验室里忙碌，晚上，他要听取研究工作进展情况的汇报，然后进行分析，制定第二天的研究方案，每天几乎都要工作到半夜一两点钟……

人工牛胰岛素合成后，王应睐又率领他的研究小组向新的科学高峰——人工合成核糖核酸挺进!我们知道，核酸是生命遗传奥秘的所在。因此，如果能人工合成核酸中的一种——核糖核酸，比人工合成蛋白质更具有不可估量的意义。

在王应睐的指挥下，这个由我国一流专家组成的研究小组整整奋战了13年，终于在1981年11月，完成了人工合成核糖核酸的伟大创举，夺得了又一项科学的"世界冠军"。

20世纪60年代起，生命科学的发展非常迅速。1967年，在世界各国的好几个实验室里，几乎同时，科学家们分别采用不同的方法独立破译了遗传密码，编成了十分独特的生物遗传密码字典。生物遗传密码的破译，最终揭开了生物遗传的机制。人们明白了，一切生物的遗传，原来都由核酸中的遗传基因管着。譬如一个孩子的眼睛像妈妈，为什么嘴巴却像爸爸呢？那是因为眼睛和嘴巴遗传基因分别是妈妈和爸爸给的。一个基因装载着一种遗传密码，表示一种遗传信息。无数个基因形成核酸，所以一个核酸分子就好比是一篇完整的文章。科学家们计算出，人的一个细胞中就记录着50万个遗传密码。科学家们因此作了一个大胆的猜想，如果改变一种生物的遗传密码，一定可以改变生物的遗传性状。这就是遗传工程。1973年，以科恩为首的一批美国科学家完成了世界上第一项遗传工程。他们在一支试管中，把大肠杆菌的一个带抗四环素与一个带抗链霉素遗传信息重组在一起，又放回到大肠杆菌中被复制了出来，表现出同时能抗四环素与链霉素的双亲基因遗传信息。科恩的成果，立即引起了全世界生物学家的注目，从此，遗传工程研究走入了快车道。

不久，遗传工程相继取得实用性的成果。首先是用大肠杆菌生产治疗糖尿病和其他人体器官功能失调的良药——脑激素。原来从10万只羊的脑浆中只能提取1毫克脑激素，而现在用人工合成的脑激素基因在大肠杆菌中复制出脑激素，提取1毫克脑激素，只需2升大肠杆菌培养液，成本大大降低。接着，遗传工程又在医药领域取得一系列成就。例如制成人体胰岛素和干扰素。

干扰素是人体内抵抗病毒感染的蛋白质，并有抗癌作用，原来生产1克干扰素成本高达2000~4000万美元。现在，瑞士、美国、日本等都已能用细菌生产多种廉价的干扰素。在医学上遗传工程还用于治疗多种遗传病，医学家们预计在21世纪，人类将应用遗传工程克服癌症。

在工业上，科学家培养出了清除石油污染的细菌。中国的科学家也正在研究把蚕吐丝的遗传密码引进到细菌中去，让细菌吐丝，这样真丝生产就像造纸那样容易了。

在农业上，科学家们正在研究应用遗传工程来实现生物固氮，把豆科植物独有的固氮遗传密码植进各种农作物中去，这样世界上所有的化肥厂就变成多余，地球的环境将大大得到改善。

总之，生命科学的前景十分广阔，它的意义不可估量。它将是21世纪最具生命力和挑战性的一门新兴科学，人类将用它来绘制自己更加美好的蓝图。

青霉素和链霉素的发现

1943年春天，第二次世界大战正在紧张激烈地进行。美国伯利汉城拥有2500张床位的陆军医院早已人满为患，到处躺着缺胳膊少腿的伤员，他们痛苦地呻吟着，绝望地等待着死神的降临。因为当时磺胺是最好的抗菌药，可是磺胺用多了，不仅会使细菌产生抗药性，而且会大量杀伤人体的白细胞，使伤员的抵抗力大大降低。这样，感染细菌的伤员没有在战场上死在敌人的枪炮下，却在医院里大批大批地死在医护人员的眼皮底下。尽管医生们愁肠百结，心如刀绞，可是谁也没有起死回生的妙药。

一天，陆军医院的院长室里来了一个高个儿的年轻医生，他带来一小瓶淡黄色的粉末，自称这就是医生们朝思暮想的能让伤员们起死回生的妙药。院长尽管将信将疑，但正如俗话说的，“死马当成活马医”，对那些伤口感染的病人来说，还有什么办法呢？于是，他就选了49名被判“死刑”的伤员，注射了这种药，其中42名伤员居然退烧康复了。以后，院长又把这种药用于患骨髓炎、脑膜炎、血液中毒症的病人，结果接受治疗的209人中有206人活了下来。院长欣喜若狂，他握着年轻医生的手说：“啊，您的‘神药

’真是瘟病的克星。”

其实，这种“神药”的名字叫青霉素。它被认为是第二次世界大战中，两项截然对立的重大的发明：科学家发明和研制出了可以灭绝人类的杀人武器——原子弹，又研制出了最有效的救命良药——青霉素。

最先发现青霉素的，是英国医生弗莱明。1928年，47岁的弗莱明是英国圣玛丽学院的细菌学讲师。一天早晨，他同往常一样推门走进实验室，第一件事就是检查一夜间细菌的生长情况。他将一个个碟子状的培养皿取出来，仔细观察，发现有一只培养皿里的葡萄球菌培养基发了霉，长出了一团青绿色的霉花。这是实验中常有的情况，按理应该倒掉，重新培养。所以，他的助手随手拿起这只培养皿，“老师，让我去把它处理掉吧！”他说。“不！等一等，让我再仔细瞧瞧。”弗莱明从小就养成了一种细心的习惯，加上长期研究细菌积累的经验，使他觉得这青绿色的霉花有些非同一般。他把碟子拿在手里仔细观察，只见在青绿色的霉花周围出现了一圈空白，那是杀死了它周围的葡萄球菌后留下的。这一发现，使弗莱明惊喜万分。他赶紧吩咐助手将霉菌培养液仔细过滤。然后，把一滴过滤液滴进一只满是葡萄球菌的小碟，几个小时后，小碟里的葡萄球菌全被杀灭了。

为了测定这种霉菌的杀菌效能，他不断将过滤液稀释，结果发现，1%浓度可杀灭链状球菌，直到0.1%浓度还可杀灭肺炎球菌。

弗莱明把他的重大发现写成论文，发表在1929年9月出版的《实验病理学》杂志上。按理，弗莱明发现了抗菌素，人类从此找到了一种杀灭危及人类生命的病菌的法宝。可是实际上却不那么简单，原因是靠在碟子里培养出的青霉素实在太微不足道了。哪怕治疗一个轻微的伤口也需要几公升的过滤液，怎么能把几公

升液体注射到人的血管中去呢？而在当时，弗莱明又没有能力解决青霉素的提纯问题，所以青霉素在给当时的医学界带来一阵短暂的兴奋之后，很快被人们遗忘了。

悠悠岁月，大浪淘沙。1940年，有个名叫钱恩的德国青年化学家，读到了10年前弗莱明写的那篇论文。他意识到弗莱明发现青霉素的巨大价值，决心继承他的未竟的事业，解决青霉素的提纯问题。这年冬天，经过无数次实验，他终于提炼出很少一点纯度较高的青霉素。他先给八只小白鼠注射了致死的病菌，然后把他提炼出的青霉素注射到小白鼠身上。可惜，只够给四只小白鼠注射，结果这四只活了下来，另外四只很快都死了。1941年，在英国教书的澳大利亚病理学家弗洛里在一家化工厂的帮助下，继续钱恩的研究，经过不懈的努力，一种高纯度的青霉素终于诞生了。当时，第二次世界大战正炮火连天，有谁肯来投资研制这种新药呢？弗洛里想到大洋彼岸的美国，终于得到美国农业部的支持。这样，经过整整两年的努力，他已经使青霉素纯度提高到每立方厘米200单位，完全可以供临床应用了。本文开头所说的那位年轻医生带给陆军医院的就是当时刚研制成的青霉素。

青霉素是弗莱明、钱恩和弗洛里三位科学家共同贡献给人类的“神药”。为此，他们共同获得1945年的诺贝尔生理学和医学奖。

就在弗洛明研制出抗菌新药青霉素以后不久的1944年，美国微生物学家瓦克斯曼发现和研制成了链霉素。在当时，肺结核病是无可救药的绝症，而链霉素正是肺结核病的元凶结核杆菌的克星。为此，瓦克斯曼获得1952年的诺贝尔生理学和医学奖。

被称为“白色瘟疫”的结核病，在历史上曾经无数次地给人类带来恐怖和灾难。单在19世纪中叶，欧洲就有1/4的人口死于结核病。在人口稠密、经济落后的亚洲，结核病死亡率的比例就更

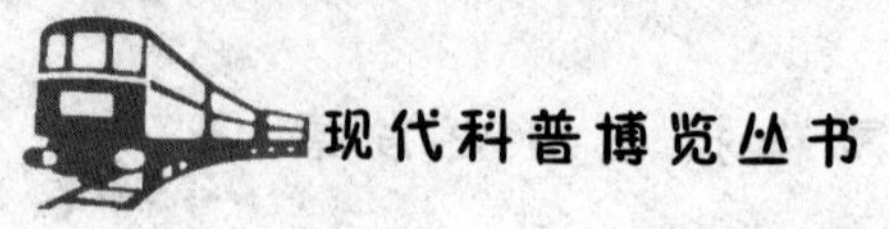

高了。

瓦克斯曼是在1924年接受美国结核病协会的委托而从事这项研究的。在研究中,瓦克斯曼发现进入土壤的结核菌被土壤中的一种微生物消灭了。而在土壤中有大约10万种微生物;究竟谁是杀灭结核菌的“勇士”呢?瓦克斯曼决心在这茫茫“菌”海里,找出这位“勇士”来。要知道,在一块土壤里往往就有几千种细菌存在,瓦克斯曼必须一丝不苟地先把它们一一分离出来,再在不同的培养基里进行纯粹培养,在获得它们的分泌物后,再在病原菌或其他细菌中进行杀菌效能试验。

时间一年一年地过去,瓦克斯曼日复一日,不厌其烦地做着实验。到1941年,经过实验的细菌达到了5000种。1942年底,细菌达到了8000种,这时,他发现了一种链丝菌素能杀灭结核杆菌,但是它自身的毒性过大,不能用于临床治疗。瓦克斯曼毫不气馁,反而为自己的发现而受到鼓舞。1943年,当他和他的助手经过实验的细菌达到1万多种时,终于分离出一种能有效抑制结核杆菌的灰色链霉菌。经过提炼,研制成新的抗生素,在动物身上的长期实验,确认它具有临床治疗结核病的价值。以后的人体临床试验完全证实了它的医疗功效,不仅如此,它对治疗结核性脑膜炎也有特效。

青霉素和链霉素的发现,对人类的健康当然是一大福音。但青霉素和链霉素不是对一切细菌都万能的。第二次世界大战后,新的抗菌素接二连三地被发现和应用于临床治疗。1947年,美国人巴克霍达发现了对葡萄球菌和大肠杆菌都很有效的“氯霉素”。1948年,美国人达卡发现了除对绿脓菌等厉害的细菌无效外,对其他病原菌几乎都有效的一种“霉素”。1950年,美国纽约弗塞公司的学者们发现了能制服更多病原菌的“红霉素”。1957年,日本人梅沢浜夫发现了一种制服很多抗药能力强的所谓“耐药性菌”

的新的抗菌素“卡那霉素”。

人类有史以来，挽救人的生命最多的药要数抗菌素。科学家们认为：每发现并使用一种新的抗菌药，人的平均寿命就延长1.5岁。以日本为例，从1940年至1960年，人的平均寿命延长了20岁。

所以，抗菌素真正是让人延年益寿的“长生药”。今天当人们享用这一医学科学的伟大成果时，当然不能忘记抗菌素最初的发现者。特别是瓦克斯曼，他在发现链霉素后又发现了金霉素、土霉素和四环素。1951年，他再接再厉，又发现了制服结核病的特效药“酰肼”。

科学技术的最高宗旨是造福于人类，众多抗菌素的发现和使用再一次证明了这一真理。

李四光创造地质力学

1905年7月末的一天，在东京赤坂区的一幢日式小屋里，孙中山正在主持中国同盟会的成立宣誓仪式。宣誓完毕，孙中山会见到会的70多位会员。当他走到一位年仅16岁的少年跟前时，高兴地握住他的手，勉励说：“你这么小年纪就参加革命，很好。要努力学习，蔚为国用。”这位16岁的少年就是后来创立地质力学的李四光，当时他正在日本弘文学院学习。

李四光在日本留学六年后，怀着科教救国的愿望回国了。不久，武昌起义爆发，23岁的李四光积极拥护孙中山的革命运动，被选为实业部长。从此，他日以继夜地为制定振兴祖国的蓝图而操劳。可是，几个月后，孙中山被迫辞去了临时大总统的职务，窃取政权的袁世凯加紧迫害革命党人。李四光不愿为这个窃国大盗效力，便辞去了实业部长的职位，再次远渡重洋，出国留学。李四光来到英国的伯明翰大学攻读地质学。1921年，他获得了博士学位，怀着满腔的爱国热情，回到祖国。当时在地质学界正流行着“中国除西部高原之外，没有第四纪冰川”的论调。李四光觉得这种论调缺乏科学依据，他决心通过实地调查，得出正确的结论。于是他不畏艰险，登高山、涉恶水、爬绝壁、攀悬崖。果然在太行山麓的沙河县发现了第四纪冰川的漂砾，以后又先后在太行山、九华山、天目山、庐山等许多地方发现了冰川遗迹，以确凿的事实证实了中国东部第四纪冰川的存在，为华东地区的矿产勘探和地质研究提供了科学的依据。在寻找第四纪冰川遗迹的过程中，李四光发现了许多地质学上不载经卷的现象。其中最重要的就是在同一地质时代里，大陆有南方海浸，北方海退的现象。这种现象是赖尔创立的传统地质学所无法解释的。按照传统地质学的观点，原始大陆和海洋在地球上的位置都是固定的，地壳的运动以缓慢地上升和下降为主，大陆的扩大和海洋的缩小是地壳发展的“基本规律”。而李四光所发现的海水运动现象，恰恰与这一传统的理论背道而驰。李四光认为不能受赖尔的喇日理论的束缚，因为事实证明赖尔的理论是错误的。

从眼前的事实出发，李四光坚信海水运动与地壳运动有关，特别是与地球自转速率的变化有关。根据力学原理，物体在转动时会产生离心力。李四光经过几年的潜心研究，认为地球自转产生的离心力作用在地壳以及地球内部，使地壳内积聚起一种地应力。在一定的时候，地应力释放出来，它的巨大能量就足以改变地壳表面的面貌。有的地方受挤压而形成隆起的山脉，也有的地方因为挤压反而变成平原或盆地。由于地应力挤压的方向不同，地壳也就相应地形成不同走向的构造带。如果地壳受到来自南

北方向地应力的挤压，就形成“经向构造带”；反之，形成“纬向构造带”；如果同时受到几股不同方向的力的挤压，那么地壳就如绞麻花那样出现“扭动构造带”。李四光把东西走向和南北走向绞合的“扭动构造带”称为“山”字形构造体系，而把北东走向和西南走向绞合的“扭动构造带”称为“多”字形构造体系。李四光进而解释说，巨大的地应力，不仅改变了地壳的形状，还影响了地球内部的深层结构，使某些矿藏集中在某种构造带中。例如，“纬向构造带”中多见重金属矿，“多”字形构造体系，更多地存在石油和天然气的可能，“山”字形构造体系，则有可能蕴藏着煤田。

李四光把自己的新理论称为地质力学，1945年他写出了《地质力学的基础方法》一书，向世界宣告了一个中国人创立了一门崭新的地质学科。

自从地质学诞生以来，人们研究地质的方法，大都是以地层提供的资料为基础。可惜地层资料，总是局部的、片面的，哪怕是把全球的地层资料全部综合起来，也难以反映地质时代的全部历史。而李四光创立的地质力学则是从力的作用，来探索各种地质现象的生成规律和内在联系，并且把地质学、矿产学和力学结合起来。这不仅可以顺理成章地解释各种地质现象和成矿因素，而且为认识地壳构造现象提供了新方法，为研究地壳运动的规律开辟了新的途径。

可是，真理常常会蒙受不公正的待遇。尽管李四光的地质力学成果如此辉煌，但由于它诞生在落后贫穷的中国，这是那些怀有偏见的西方人所不愿意接受的事实。所以，地质力学从它诞生的第一天起，就受到非难。面对这些无视科学的外国同行，李四光愤怒地反驳说：“我们国家，亚洲整个大陆的构造型式鲜明地摆在我们眼前”，“难道我们研究万里长城的构成，非用建造埃菲尔铁塔的方式来说明不可吗？这是毫无道理的！”

李四光一面坚持自己的学说，一面更刻苦地进行研究。中华人民共和国成立以后，在党中央的直接关怀下，为李四光的研究创造了良好的条件，地质力学获得了进一步的发展，不仅体系更加完善，内容更加丰富，而且由于运用这一理论去指导矿业勘探、地质研究和地震预报而获得的令人信服的成果，证实了地质力学的科学价值。最突出的成果是在石油勘探方面，按照传统地质学的结论，中国是个贫油国，可是，按照李四光的地质力学，结论正好相反。李四光认为，在中国东部的松辽平原、华北平原、江汉平原，西部的准噶尔盆地、塔里木盆地、柴达木盆地，以及西藏地区的一些低洼地带，海上的黄海、东海和南海都有贮油可能。事实是，在李四光指出的上述地区，接二连三地发现了一个个油田。地质力学取得的科学成果是炎黄子孙对人类文明和科学的又一贡献。

李四光的名字将永远镌刻在人类科学发明和发现的丰碑上。

宇称不守恒定律的发现

1956年，两位年轻的美籍中国物理学家李政道和杨振宁推翻了在物理学界被奉为“金科玉律”的“宇称守恒定律”，提出了“宇称不守恒定律”，为人类在探索微观世界的道路上开辟了新的领域。这一震撼国际物理学界的重大发现，使这两位年轻人一起登上了1957年诺贝尔物理奖的领奖台，成为最先获得这项殊荣的龙的传人。

为什么国际物理学界如此看重这两位青年科学家的发现呢？我们先来简单地了解一下什么是宇称不守恒定律。

原来在1932年中子被发现以后，人们认识到原子核是由带正电荷的质子和不带电的中子组成的。可是电荷是相互排斥的，许多带正电荷的质子是怎样紧紧地维系在一个小小的原子核里的呢？当时，有位名叫海森堡的科学家解释说，在原子核内，一个质子在遇到另一个质子之前，就已经通过交换变成了一个中子，可以共处在一个核中了。这个变化发生得非常快，原子核就这样保持着稳定。1935年，日本物理学家汤川秀树根据海森堡的理论提出，原子核由质子和介子组成。正是这种称为介子的粒子使原子核形成一个固体。1947年，汤川秀树所预言的介子被英国物理学家鲍威尔在宇宙射线中找到了。汤川秀树因此获得了1949年的诺贝尔物理学奖。1952年，科学家又在宇宙射线中发现了两种新粒子——K介子和超子。这使人们在认识电磁力、万有引力和核强相互作用力之外，又认识了一种新的力——相对应于核强相互作用力的弱相互作用力。在此之前，物理学家们一致公认创立于1924年的“宇称守恒定律”的正确性。所谓“宇称”，就是描述微观粒子体系运动或变化规律左右对称性的量。这一定律的含义是粒子相互作用前的总宇称，等于相互作用后所形成的新粒子的宇称。

可是现在麻烦来了，因为新发现的K介子有时会变成三个兀介子，使得这个等式不成立。是不是“宇称守恒定律”出了问题呢？但面对被视为“金科玉律”的“宇称守恒定律”，科学家们都退却了，谁也不敢迈出冒险的一步。

似乎是历史有意把这一开创新纪元的重任交给了两位黄皮肤的龙的传人。1956年的一天，李政道与杨振宁在纽约的上海饭店会餐。在餐桌上，他们不约而同地谈到了共同感兴趣的有关K介子和“宇称守恒定律”的话题。真是英雄所见略同，他们越谈越投机，彼此的见解，都使对方迸发出新的思想火花。于是他俩欣然决定共同合作，一起进行原子核和基本粒子的研究。他们俩精诚团结，在一番深入研究之后，大胆提出了一种新的理论。认为“宇称守恒定律”只在强相互作用和电磁相互作用下才是正确的，但在弱相互作用中就不成立了。他们冲破了爱因斯坦的相对论，共同提出了弱相互作用中“宇称不守恒定律”。他们的思想顿时震惊了全世界。

为了证实自己的理论，李政道和杨振宁邀请有“中国的居里夫人”之称的女物理学家吴健雄用实验检验。吴健雄一口答应，她来到华盛顿国家标准局，领导一批优秀的科学家，利用现代化的设备，进行这项重要的物理实验。

这是一次高难度的实验，需要在严格的超低温条件下进行，又涉及许多复杂的因素，稍有疏忽就可能导致实验的失败。吴健雄整天站在实验室里，困了打个盹，有时连续一星期不分白天黑夜地在实验室里观测、记录、分析、研究，不敢有一丝马虎。辛勤的劳动终于换来了丰硕的成果。1957年1月4日，这是难忘的一天，经过无数次的实验，吴健雄证实了宇称在弱相互作用中不守恒定律的正确性。

李政道、杨振宁的新发现说明，宇宙间的万事万物不一定都存在对称的关系。这一新的理论对于研究宇宙的构造和物质的构造都具有不可估量的巨大意义，被认为是“科学史上的一个转折点”。

一项伟大的发现，联系起三位科学骄子。让我们一一讲述他们的故事。

李政道，1926年11月生于上海。他从小喜欢读书，每天总是不知厌倦地沉浸在书海里。有一次，母亲为他准备好了洗脚水，催他去洗脚，可他满脑子思索着刚才书上的内容，洗脚时竟下意识地把手放在洗脚盆里搅了搅，全然忘记了洗的应该是脚。

1945年春季的一天，原来在浙江大学读一年级的李政道，经人介绍认识了被人称为“物理学界伯乐”的吴大猷教授。吴教授慧眼识才，将他转入自己任教的西南联大，亲自带教了一年后，又推荐他报考芝加哥大学的博士研究生，随著名物理学家费米学习物理。1954年，刚满28岁的李政道，取得了博士学位。以后被美国许多大学请去工作。1956年，年仅30岁的李政道，成为哥伦比亚大学最年轻的教授。他并没有陶醉在自己的成就上，仍然孜孜不倦地探索着，向着物理学的高峰攀登。在他获得诺贝尔奖的20年后，他又提出了一种新理论，论证了制造一种“核物质”的可能性。他称这种“核物质”为“超密核子”，它比铅获得诺贝尔奖后，李政道重50倍，是一种“有700至1万个稳定成为蜚声国际的科学家，但他的质子数的新元素”。他的这一新理论，引起了利学界的极大重视。因为李政道的预言一旦实现，意味着会有更多能量极大的“新原子核”产生，其意义真是不可估量。

此外，李政道还提出了“非连续性力学”的新理论，以及“自由夸克永难发现”的新论点，对高能物理的发展都有重要意义。李政道博士在国际物理学界被认为是一位具有天才科学家爱因斯坦特质的，能作“超时代大胆想象”的科学天才。

比李政道大4岁的杨振宁生在安徽合肥一个中学教师的家中。当他还是10个月的婴儿时，父亲杨武光以优异成绩通过考试去美国留学。在母亲的教育下，杨振宁从小刻苦学习。1938年，只上完高中二年级的杨振宁竟以高分考进西南联大。在大学期间，杨振宁用功学习，如饥似渴地求知。在学校附近的小茶馆里，杨振宁经常和他几个要好的同学讨论物理学问题，尤其是量子力学问题，辩个不停，晚间宿舍熄灯后点起蜡烛再辩，终于使他对量子力学有了精深的了解。杨振宁大学毕业后，又考进联大的研究生院攻读。取得硕士学位后，不远万里去美国投在物理学大师费米和泰勒的门下，成为一名优秀的青年科学家。

1949年，杨振宁和导师费米共同提出了基本粒子结构型，即费米-杨振宁模型。

1954年，他和助手米尔斯合作，提出了规范场的数学结构，即杨-米规范场，解决了爱因斯坦后半生30年没有解决的难题。杨振宁在物理学领域取得了一个又一个的光辉成就，为炎黄子孙在国际科学界争了光。

用实验验证"宇称不守恒定律"的吴健雄，1912年5月31日，她生于江苏太仓的浏河镇。同一切成功的科学家一样，勤奋、拼搏和持之以恒，是她取得辉煌成果的法宝。她在南京中央大学读书时挑选宿舍大楼最后一排的最后一间，为的是少受外界影响。她常常反扣房门，读书到深夜，学校熄灯以后她仍点上蜡烛，有时竟为一道难题而通宵达旦。那时经常有几百人一起上的大课，这对那些只想混张大学文凭的公子小姐来说，自然是逃课的好机会。因为黑压压的一片，老师怎么查得清谁来谁没来呢？有些学生即使来了，也总爱坐在最后，这样看小说、交头接耳方便。可吴健雄总是早早地带上课本和笔记本，在大教室前排中间的位置上坐下来。久而久之，这个座位就成了她的专座。

作为一个实验物理学的专家，吴健雄一生完成过两项轰动物理学界的实验报告。一项就是验证"宇称不守恒定律"的实验。另一项实验是1959年，加利福尼亚理工学院的著名物理学家基尔曼再三恳求她试验他和另一位物理学家提出的"向量电流的守恒性"理论。由于工作忙，她一直到1962年才动手做这个实验，并且在这年的年底证明了这一理论的正确。当时，美国、前苏联、瑞士等许多世界一流的科学家都在进行这项实验，但都失败了，只有吴健雄获得了成功。

李政道、杨振宁、吴健雄这三位举世闻名的科学家尽管入了

美国籍，但这丝毫也不会改变他们的中国心。他们对祖国一往情深，他们是我们中华民族的骄傲。

超导的发现与应用

1979年，超导悬浮列车在日本试车成功。从此，铁路交通工具的传统技术观念被突破了，铁路交通史上出现了新的奇迹，因为这种列车没有车轮，全靠磁力推动。它的时速是180千米，列车开动时好像飘浮起来一样，一点也没有震动。

当人们看到这个车宽3米、长22米、高3.7米、重27吨的庞然大物悬浮着飞驰时，一定会惊讶是什么神奇的力量把它托举起来的。这就是超导磁体的功劳了。不仅如此，列车前进的动力靠的也是磁力。瞧，列车两边装着超导磁体，通电后产生磁力，轨道两侧排列着许多线圈，接通电流后也产生磁力。根据电磁感应的原理，电流方向改变，电磁的南北极也改变。同性相斥，异性相吸，所以两种磁力有时吸引，有时排斥，一推一拉，驱动列车前进。由于悬浮列车不产生摩擦力，所以从理论上说它的速度每小时可以达到500千米以上，接近中等速度的飞机。不过它是在陆地上跑的，比起飞机来可要安全得多了。磁悬浮列车高速、平稳、安全、无噪声，而且票价比飞机便宜，自然前景辉煌。科学家们预计21世纪的主要交通工具就是超导磁悬浮列车了。

磁悬浮列车全靠超导磁体的功劳。那么超导磁体究竟是什么神奇的东西呢？

所谓超导磁体，指的是在一定条件下具有完全抗磁性和完全导电性的某些物体。

让我们使时光倒流,回到1911年夏日的一天。在荷兰莱登大学的低温实验室里,物理学家开默林·昂尼斯教授正带着他的学生研究在极低的温度下,金属的电阻会有什么变化。

他们把一根水银制成的电线放在低温下通电。水银在常温下是液态的,但在-40℃以下就变成固态,可以制成电线了。那么为什么一定要用水银做的电线呢?因为做这个实验,有个先决条件,那就是金属要非常纯,如果有一点点杂质,电阻就测不准了。在当时的条件下,提纯水银相对容易些,要提纯别的金属,那就力不从心了。

昂尼斯教授一边指挥他的学生不断降低温度,一边叮嘱另一个学生观察电阻的变化。奇怪的现象出现了,当温度降到-269℃时,水银的电阻没有了。昂尼斯以为实验出了问题,命令学生再重复做几次,每次都得到一样的结果。昂尼斯教授欣喜若狂,他意识到这是一个破天荒的重大发现。他把物质在低温状态下,电阻消失为零的现象叫作"超导电性"。后来人们把在低温状态下具有超导电性的材料叫作"超导体"。

1913年,昂尼斯由于他在超导研究方面的开天辟地的贡献而获得了诺贝尔物理学奖。学无止境,昂尼斯教授再接再厉。1914年,为了证明超导体的电阻确实为零,他设计了一个非常巧妙的实验。他用超导体制成一个圆环,放在磁场中,然后降温,再突然撤去磁场,由于电磁感应,超导体圆环内会产生电流。如果超导体内有电阻,电流就会慢慢减小,直至消失。反之,则电流会持续地流个不停。昂尼斯的观察持续了好几个月,圆环内的电流始终如一,丝毫也没有想停下来的样子。据说后来有人仿效昂尼斯的这个实验,整整观察了两年,圆环里的电流也没有丝毫减小。这就是著名的"永久电流"实验。

电阻为零,这是超导体的第一个特性;它的另一个特性是完

全抗磁，这个特性一直到昂尼斯发现超导体22年后，才被荷兰的另两位物理学家发现。

1933年，荷兰物理学家迈斯纳和奥森菲尔德做了这样一个实验：他们在一个由超导体铅制成的盘子上放上一小块磁铁，然后把盘子放在液体氦中。结果，磁铁竟像变魔术一样地漂浮起来了。这种现象后来被人叫作“迈斯纳效应”，它证明超导体具有完全抗磁性。

超导体要出现超导电性，必须要在非常低的温度下，这时的温度，科学家称为临界温度，用符号Tc来表示。科学家们测出各种超导体的临界温度是不一样的，比如铝是7.2K，锡是3.7K，钨是0.016K等等。“K”是英国物理学家开耳芬创立的绝对温标，也叫开氏温度。开氏零度等于-273℃，科学家称之为绝对零度，这时一切物质中的原子都冻结了。这样一算，铝的临界温度7.2K，也就是-265.8℃。

超导体的奇异特性发现以后，科学家们纷纷对它进行研究，看谁能首先揭开它的秘密。

1933年底，在超导研究领域一直处于领先地位的荷兰，又有两位物理学家率先提出了一种理论，来解释超导体的秘密。戈特和卡西米尔解释说，在超导体中除正常的电子外，还有一种超导电子。平时超导体中只有正常电子，所以它和正常导体一样，是有电阻的。当温度降至它的临界温度以下时，它就成了超导体，这时就出现了超导电子，温度越低，超导电子也就越多。这种解释，尽管还含糊不清，但毕竟是科学家探索超导秘密的最初的认识。

经过全世界许多物理学家近半个世纪的努力，1957年，美国物理学家巴丁、库柏和斯里弗三人创建了被称为BCS的超导微观理论（BCS是他们姓名的第一个字母）。它们认为超导电子其实是两个电子对。当超导体进入超导状态时，电子才能结成电子对，电子对又组成超导电流。BCS理论最终揭开了超导之谜，这三位科学家因而获得了1972年的诺贝尔物理学奖。

BCS理论揭开了超导之谜，科学家们总要想办法把它用到生产中去，为人类造福。其实，早在昂尼斯发现超导体以后，他就已经想过既然超导体没有电阻，通电流后不会发热，如果用它制成电磁铁，一定会产生很强的磁力。这样在三年以后的1961年，终于制成了世界上第一个磁力很强的超导磁体；之所以不称电磁铁而叫超导磁体，是因为它不用铁，而用别的材料制成线圈，又是在超导状态之下。

超导磁体不仅可以产生强大的磁场，而且具有体积小、重量轻、能耗小的三大优点。因此，科学家把超导体、半导体和激光列为20世纪三大技术革命。他们预言，超导体的应用将大大改变世界的面貌和人类的生活。

本文开头讲到的磁悬浮列车是超导技术在交通方面的应用。根据同样的道理，也可以应用于水上交通。这样，电磁推进船和超导潜艇就应运而生了。电磁推进船也可以叫超导船，它是在船体内安装一个超导磁体，产生磁场，在船体的两侧放入电极，在海水中感应产生强电流，在船尾的海水中电流和磁场发生作用产生推力，船便飞驶向前。超导船不用内燃机和螺旋桨，所以没有噪声和震动，船速可以在每小时150千米以上，无论从哪一方面来看，它都是现有的轮船望尘莫及的。同样的道理，要是做成潜艇，那就是超导潜艇了，它的优越性就可想而知啦！

超导体的特性都与电有关，它自然在电业上有着最为广泛的应用。首先来看看超导体发电。由于超导磁体能产生很强的磁力，超导线圈又没有电阻，因而用它们制造发电机发出的电力特别大，可以比普通的发电机大上几十倍甚至上百倍呢！其次来看看

超导体贮电。就跟钱多了要存银行一样，发电厂发的电用不完，也要贮起来。现有的贮电办法有个很大的毛病，就是损耗很大。比如100度电，经过贮存，放出后只剩下50度了，很不合算。如果应用超导“永久电流”的原理制成的“超导能量贮存库”来贮电，电能只损失10%。最后，让我们再来看看输电。我们知道用导线输电的最大缺点是电力损耗大，因为再好的导体也有电阻，电能在输送过程中变成热能，消耗掉了。超导体没有电阻，用它来输电也就没有损。

超导体在医学上也大显神威。现在在一些先进的医院里有一种叫“核磁共振断层成像”的器械，有了它，不用X光电可以清楚地透视身体的内部，因而对人体没有丝毫损害。这种器械里面用的就是超导磁体。我们知道，人体内有一种生物电流，有电流就会出现磁场，这个磁场非常微弱，只有用非常精密的仪器才能够测出来。如果我们能够了解人体内磁场的变化及其规律，不就可以研究人体的秘密了吗？现在，科学家已经用超导结制成了这种精密仪器。所谓超导结，就是在两个超导体中间夹一层薄薄的绝缘层，它具有收发报机一样的功能，医学家们用它来接收人体内的电磁信号，揭示人体的秘密。天文学家们还用它来接收其他星球发出的电磁波，探索宇宙的奥秘。

人们利用超导的特性还发展出一种叫作“磁分离技术”的新技术。“磁分离技术”有什么用呢？举例说，高压电线架上的高压瓷瓶应该是非常好的绝缘体，如果含有杂质，那就容易串电，要是高压线架带电，后果就不堪设想啦!可是制造高压瓷瓶的原料高岭土里是含有铁的杂质的，怎么把这些杂质去掉呢!应用超导体的“磁分离技术”就能吸住含铁的杂质，让不含铁的东西通过。另外，这项技术还被广泛地应用于选矿。选矿就是把含有不同金属的矿石分开来。因为不同的金属磁性不同，有些还不带磁性。让超导磁分离装置来“干”这活，真是得心应手。环保专家对这项技术也大感兴趣。因为如果让污染河水、湖水的污染物带有铁质，再用“磁分离技术”把带铁质的污染物和水分离开来，那么水不就变得洁净了吗？

武器制造专家们一直想利用超导技术研制电磁炮。1982年，世界上第一台电磁炮制成，它的炮弹发射速度是每秒4.2千米，比普通火炮快4~5倍呢！电磁炮是用强大的磁力来发射炮弹的，所以它发射时没有火焰，没有硝烟，没有巨大的声响，也没有后坐力，它的准确率和威力自然也无与伦比。

超导体的应用远不止这些，正因为这样，从1911年发现超导体至今的100多年中，超导体的研究和应用发展十分迅速。科学家们清楚地知道，影响超导技术发展的最大障碍就是低温。尽管在超导体发现后的半个多世纪里，科学家们发现了几十种超导材料，但它们都属于低温区超导体。制造这样的低温必须使用氦气，而氦气只占空气的0.0005%，提取氦气价格昂贵。要跨越这个障碍必须找到替代氦的东西，科学家选中了氮。氮占空气的4/5，真是取之不尽，用之不竭。可是液化氮只能制造出-196℃，也就是77K的低温。在这个温度下，现有的超导材料还不具备超导的性能呢。所以，各国科学家都把目光瞄准了寻找能在大于77K的高转变温区的超导体。直到1973年，科学家们找到了一种叫铌三锗的材料，它的转变温度是23.2K。从1911年的4.173K到1973年的23.2K，平均每三年提高1K。日本科学家因此预测，要想得到77K的超导体，在21世纪前20年只能是梦想。

然而，美籍华裔科学家朱经武和吴茂昆却将人类的梦想提前变成了现实。

朱经武的研究小组和吴茂昆的研究小组，从1982年开始，就合作进行超导研究。1986年1月27日，两位瑞士科学家柏诺兹和

缪勒发现一种陶瓷性材料，在30K左右出现超导状态。这是一个新的突破，他们两人因此获得了1987年的诺贝尔物理学奖。受这一研究成果的启发，朱经武在1986年12月15日宣布，他的研究小组在转变温度40.2K时，发现了一种叫镧钡铜的氧化物变成了超导体，后来他又使这种氧化物变成超导体的温度提高到52.5K。朱经武和吴茂昆分别领导的休斯顿大学和阿拉巴马州大学的两个研究组乘胜前进，夜以继日地奋斗了将近四个月。1987年2月15日，这是震惊世界科学界的一天。这一天，朱经武和吴茂昆宣布，他们的研究小组获得了转变温度为98K的超导体，远远高于液体氮临界77K的温度。这一超导研究上的突破性进展，在世界引起了一股"超导热"，引发了一场"超导赛"。

我国的超导研究起步于20世纪60年代。经过中国科学家十多年不懈的努力，在这场全球性的"超导赛"中，我国的超导技术已经步入国际先进行列，仅在朱经武的研究小组中就有四五位世界一流的来自中国大陆的超导专家。就在朱经武、吴茂昆发现98K的超导体后不久，中国科学院物理研究所的13位中国科学家获得了临界温度为100K的超导体，1988年初，又制出临界温度为114K的新型超导体。跨入20世纪90年代以来，中国科学家和他们在世界各国的同行们又把超导研究提到了一个新的高度。科学家们预言由于超导研究的深入发展和超导技术的广泛应用，在全球范围内将掀起一场新的"工业革命"，比起早先有过的工业革命来：这场新的"工业革命"将更深刻更广泛地影响未来人类的生活。

这场革命的巨浪正向人类卷来，而我们炎黄子孙也如神话中推波助澜的巨手，推动着巨浪澎湃向前。中国科学家和华裔科学家在超导研究上对人类的贡献将永载史册。

高能物理的新成就——丁肇中

1974年11月，由美籍华裔科学家丁肇中领导的实验小组发现了J粒子，证实了有小于基本粒子的粒子存在。这项新的研究成果震撼了世界物理学界。两年后，丁肇中因此登上了瑞典皇家科学院诺贝尔奖的领奖台，成为继李政道、杨振宁之后第三位获此殊荣的华裔科学家。

丁肇中从小读书用功，念高中时就显示了自己在数理化方面的超人才华。在学习上，他最大的特点就是敢于探索。例如演算一道数学题，他总要探求多种解法，直到没有别的方法为止。大学毕业后，丁肇中去美国留学。当他走下飞机时，口袋里只剩下100美元了。可是这难不倒意志坚定的丁肇中。在留学期间，他硬是靠打工维持生活。令人不可思议的是他还以最优异的成绩同时获得数学和物理学两门学科的硕士学位。他就读的密执安大学物理研究所让他留下来从事研究工作。当时正是暑期，有两位教授利用假期在进行一项实验，请丁肇中做他们的助手。从此，丁肇中竟对实验物理学发生了极大的兴趣，并且只用了两年时间就获得了博士学位。这以后，这位孜孜不倦的龙的传人在实验物理学上取得了一个又一个丰硕的成果。

1960年，他应聘去哥伦比亚大学的尼文斯实验室工作。从进实验室的第一天起，他就为自己制定了周密的计划。这项实验，先后花去了他700多个日日夜夜。每天，他早出晚归，中午就在实验室就餐，一块三明治、一杯咖啡就打发过去了。终于，经过两年多的努力，他发现了重氢分离子。这以后，他参加了当时世界上最著名的物理学家李昂·黎德曼领导的一个实验组，发现了“抗氢

同位素”。这些重大的发现，奠定了他作为世界上第一流的物理学家的地位。不久，英国剑桥大学的一项报告揭示了违反量子电动力学的反常现象。如果这项实验的结果被验证是正确的，那就等于宣告量子电动力学是错误的，所以立刻引起各国物理学家的关注。丁肇中决心来完成这项实验。他一头扎进了实验室，没日没夜地工作，足足用了半年时间才完成了这项实验，证实了量子电动力学的正确性。这一系列的成功，使丁肇中得到了全球物理学界的尊重。

当时，在物理学界有人预言，原子核中存在着一种叫胶子的粒子。它是比中子、质子等基本粒子更小的一种粒子。丁肇中决心通过自己的实验来探索这种新的基本粒子。他采用的是一种用高能光子冲击核子的新方法，同时设计了一个具有非常精细的质量分辨能力的探测器来进行实验。由于这种探测器的造价非常昂贵，反对的意见铺天盖地。可是丁肇中顶住了各种各样的压力，坚定地进行着自己认为是必须进行的科学探索。他设计了三个大规模的实验室，分别在汉堡、纽约和瑞士的日内瓦。他自己频繁地在这三地奔波，亲自指挥并直接参与科学实验，而主要的基地是纽约的布鲁克文实验室。在那里，他用一架300亿电子伏特质子加速器寻找新的粒子。他夜以继日地工作着，每天工作的时间不少于14小时。经过八年的奋斗，1974年8月，丁肇中终于在高能加速器的质子碰撞实验中发现了一个新的粒子，即J粒子。丁肇中是一个非常严谨的科学家，在没有绝对的把握之前，他绝不会急于宣布这一新的发现。在以后的两个月里，他又进行了无数次实验，反复核实，在认定确凿无误以后，才于1974年11月向全世界宣布了这一伟大发现。

J粒子的发现，轰动了沉寂十多年的高能物理学界。因为这项当代物理学方面最重要的发现意义深远，它不仅是基本粒子科学方面的重大突破,使基本粒子物理迈进了一个新境界,也为人类开拓了宇宙未知的领域。

1968年,美国科学家温伯格等人分别发现中子和质子是由不同层子组成的。理论物理学家们猜测有一种叫胶子的粒子,能在层子间传递相互间的作用,把层子“胶粘”在一起。

丁肇中是一个勇于探索、永远攀高的科学家。他决心用实验来验证温伯格等人猜想的正误,显然这在当时是一个十分艰难的课题。而丁肇中是一个荣获诺贝尔奖的大科学家,万一实验失败,对他的名誉将是绝大的损失。可是,丁肇中不以为然,他对好心劝他为保全名誉而放弃实验的朋友说:“学自然科学的人不能以名利为重,为名利去搞科学是很痛苦的。”1979年,丁肇中领导了一个包括我国20多位科学家在内的一个专家小组,在德国汉堡的同步加速器研究中心用正负粒子对撞机进行实验。在实验中,果然找到了胶子。这一发现再一次在全世界的物理学界引起轰动。

从20世纪80年代开始,他领导的实验小组着手进行L3实验计划。这个实验小组由400多位来自世界各国的科学家组成,其中包括数十位中国的高能物理研究人员。这次实验的关键设备L3探测器,是采用上海硅酸盐研究所研制成功的锗酸铋(BGO)材料建造的,于1988年起投入使用。这项实验还动用了16台大型电子计算机,光用来做线圈的铝就达1000吨。在丁肇中的领导下,L3实验已经取得了突破性的进展,更多的基本粒子将被他们发现,科学家们预言的宇宙大爆炸的秘密将被揭开。

丁肇中像是一个在长满荆棘的山路上艰难跋涉的探险家。在实验高能物理的道路上,孜孜不倦地探索着物质的奥秘,寻觅它们的根源。